这样装修不踩雷

实战30年的装修经验

掌握工法 / 选材重点 / 安心监工不求人

张明权 著
今砚室内装修设计工程

中国轻工业出版社

作者序

不只做完，更要做好

从事室内设计装修已经三十几年，从实践过程中积累了不少装修经验，即使如此，也不敢说自己是顶尖的，行业内厉害的人比比皆是，别的不说，光是每一项工程的师傅在各自领域绝对专业，我自己也是看这些师傅做事，再从做中不断学习精进。秉持把事情做好的理念，我想我可以和大家分享一些室内装修工程的宝贵经验。

关于室内装修的工法无论是书本还是网络，都有很多资料和信息可以参考，有时可能同一项工程就有不同的做法。我觉得工法本身没有对错，只要能做好就是对的。我常说：“尽信书不如无书。”因此，希望这本书从房主的角度，用较浅显易懂的方式，解决一般消费者在装修过程中可能遇到的问题。当问题出现时有章可循，不会因落入烦琐难懂的工程陷阱而求助无门。

正因为装修工程烦琐难懂，更需要设计师的专业协助，如果设计团队欠缺经验，工法知识不足，不但很难要求工班用对的工法施作，还可能会影响居住安全和品质。有责任心的设计公司应该了解工法的逻辑，创造安全舒适的居住环境。因此，这里也要给大家明确一个观念，在选择室内设计公司时，经验、专业度都需要衡量，不能一味只用价格高低来评判，否则运气好住得顺利，运气不好住进去才发现一堆问题。对很多人来说，买房装修是一辈子的事，绝对不能靠运气。

我一直觉得，今天房主交给我们规划他们的家，我就希望给他们一个好的居住环境，但什么是好的居住环境？就是要有好动线、好光线、好通风，当空间具备这3个条件后，再考虑设计美感和风格。每次我们为房主呈现最后的设计图时，房主看到的不只是一张图，事实上这已经是我们团队讨论再讨论、修改再修改的第十几版图中的一张。我们会先了解房主的需求、生活习惯，观察房子的条件和状况再去做安排，然后想象自己在设计空间中走一遍，自己要觉得舒服、流畅才可以交给房主。

房主把房子交给我们就是一种信任，我们全力以赴把每个环节做到最好。我的观念是“不只是把东西做完，而是把它做好”，做完没有做好等于没做。本书告诉大家的基础工法，主要是让大家知道扎实的装修工程都是靠设计师、工班经年累月的经验换来的，通过整体团队的专业实实在在做好，让房主感受到我们对细节的关注，无形之中也培养出信任感。

这本书里讲的是我们在职场上的施工方法，但并不表示其他工法是不对的。依照书里提供的处理方式，至少可以创造一个舒适安全的空间。最后决定权还是掌握在大家手上。我常对买新房子的人说：“房子买了就要爱它，开开心心住进去。”希望大家能从这本书获得一些实际的帮助，进而减少装修时不必要的烦恼。

张明权

目　录

Chapter 1

先治本，才好住！
解决原有房屋问题

01 **家里到处下小雨，好头痛**
010 Q1 窗户漏水一定要换窗才能治本吗？
016 Q2 地震后的裂痕导致漏水，要怎么修补才好？
020 Q3 外墙瓷砖脱落导致渗水，该怎么处理？
024 Q4 楼上浴室防水有问题，楼下天花板跟着遭殃？

02 **想住顶楼请小心，漏水、闷热一起来**
030 Q5 装修完天花板就漏水，是哪里出了差错？
036 Q6 顶楼好热，有什么办法可以降温？

Chapter 2

万事开头好，
别拆坏了房子
拆除和保护工程

01 **保护没做好，反成破坏元凶**
040 Q1 为何铺了保护板地板还是有坑洞？
044 Q2 油漆上完后，家具到处沾到漆！

02 **拆错麻烦大，房屋结构要小心**
048 Q3 想大动隔间，又怕拆到结构墙！
050 Q4 水管没封好，落石掉进去，结果水管堵塞！
052 Q5 地砖要改成大理石或瓷砖，拆除费用不一样？
055 专题 保护做完了，工程期间更要注意清洁！

Chapter 3

谨慎施工，否则漏水、
跳电样样来！
水电工程

01 **配电没规划，平日用电好麻烦**
058 Q1 换新电箱还跳电，到底要如何配电才会够？
060 Q2 开关和插座位置不顺手，如何规划才好用？
064 Q3 安装管线乱打墙，埋在墙里看不见也没关系？
068 专题 管线、出线盒的材质选择

02 水管管线没铺好，给水、排水功能难发挥
070 Q4 厕所移位置，不小心就堵塞？
072 Q5 事前没做试水，封墙就定生死！
076 Q6 动不动就打破管线，延误工程真麻烦！
078 Q7 冷、热水管离太近，会影响出水温度？

Chapter 4
水泥砂浆比例不对，
膨拱、漏水修不完
泥作工程

01 砌墙赶进度，墙面歪斜又漏水
084 Q1 砖墙没砌准，房间变歪斜！
086 Q2 砌红砖时留缝隙，这是偷工减料吗？
090 Q3 红砖浇水没先做防水，楼下天花板下小雨！

02 浴室防水没做好，积水壁癌一起来
092 Q4 防水只做一半，邻屋出壁癌！
094 Q5 泄水坡度没做好，浴室积水向外流！
098 专题 门槛不漏水的施工方式

03 铺砖没做万全规划，危险又不美观
100 Q6 明明是刚铺的新砖，怎么没多久就膨拱？
104 Q7 瓷砖局部重贴，结果全贴歪！
107 专题 卫浴地面架高的常见错误施工

Chapter 5
水平、水路没做好，
门窗渗水又歪斜
铝窗工程

01 安装不仔细，窗户漏风又渗水
110 Q1 刚装新窗没多久，窗户就推不动！
112 Q2 水路没塞好，日后渗水不断！
116 Q3 旧窗不拆套新窗，所有窗户都可以这么做吗？
118 Q4 没做好保护，落地窗压坏又重装！

Chapter 6

空调位置放错，开到低温还是不凉

空调工程

01 装修好漂亮，空调真的不想被看到

122 Q1 壁挂空调回风设计错误，无法发挥空调房作用？

124 Q2 空调管线一大串，怎么没藏起来？

126 Q3 装了吊隐式空调，层高不够空间变低？

02 空调温度开再低，怎么吹还是不会凉

128 Q4 空调风口位置不对，开了还是不凉？

131 专题 选对空调功率，才会凉

131 Q5 安装空调管线没抽真空，影响制冷功效？

133 Q6 室外机被挡住，空调会不制冷？

03 安装没注意，小心漏水问题

137 Q7 没做好泄水坡度，天花板湿一片？

140 Q8 室外机没拉好管线，漏水源头从外来？

Chapter 7

做对尺寸、承重和选材，以免处处重做

木作工程

01 天花板没做好，无法稳固，让人好担心

144 Q1 天花板被偷工减料，最后才知道？

148 Q2 天花板想挂吊灯，硅酸钙板承重不够？

02 木作柜、系统柜特性不同，收边水平要做好

150 Q3 衣柜水平没抓好，拉门永远关不紧？

154 Q4 事前没留好系统柜的框架，尺寸不对有缝隙！

03 铺木地板前基础工程要做好，以免花钱重铺

158 Q5 改铺木地板，一定要敲掉瓷砖？

160 Q6 架高地板怎么踩都有声音，太困扰！

04 木隔间没做好，承重、隔音都烦恼

164 Q7 木隔间可以挂重物吗？

166 Q8 想要安静空间，木隔间隔音效果差？

Chapter 8

批土上漆耐心来，
否则裂痕、凹洞到你家
油漆工程

01 **批土随便做，墙面凹凸不平滑**

172 Q1 缝隙没补好，裂痕频出现！

176 Q2 批土上漆都做了，墙面怎么还是有瑕疵？

180 Q3 墙面的刷痕很明显，颜色交接处又不直，很难看！

182 Q4 油渍没处理，上新漆还是盖不住！

02 **柜体有洞没补，木皮起皱又不平**

184 Q5 木柜表面不平整，师傅说是天气问题！

188 Q6 柜体表面有明显裂痕，甚至柜内还有凹洞！

Chapter 9

设备安装不仔细，
油烟、漏水入全屋
厨卫工程

01 **排烟、排水管线位置不妥当，油烟乱蹿又淹水**

192 Q1 排烟管拉太远，满屋子都是油烟！

196 Q2 厨房装了空调，但怎么都没吹到风？

198 Q3 厨房排水没接好，上面堵水地面淹水！

02 **马桶、浴缸要装好，使用舒适不漏水**

202 Q4 卫浴很小，连马桶的位置都很挤！

205 专题 符合人体工程学的卫浴设备配置

206 Q5 浴缸内部没清干净，水排不掉！

PLUS
清洁工程

附录
监工事项

Chapter 1

先治本，才好住！
解决原有房屋问题

房屋在进行装修前，常常有些隐藏问题没有事先被诊断出来，住进去后才发现恼人的情况一堆，尤其是20年以上的老房子，年久失修，容易发生漏水、电线老旧或者原有基础结构不良等问题，如果在翻修前没有正确处理，等到事后才来补救，就会发现一切悔不当初。

协助审定／台湾防水止漏站

01 家里到处下小雨，好头痛

Q1 窗户漏水一定要换窗才能治本吗？

Q2 地震后的裂痕导致漏水，要怎么修补才好？

Q3 外墙瓷砖脱落导致渗水，该怎么处理？

Q4 楼上浴室防水有问题，楼下天花板跟着遭殃？

02 想住顶楼请小心，漏水、闷热一起来

Q5 装修完天花板就漏水，是哪里出了差错？

Q6 顶楼好热，有什么办法可以降温？

01

家里到处下小雨，好头痛

我踩雷了吗？

窗户漏水一定要换窗才能治本吗？

刚买的二手房，每次下大雨，雨水都会从窗户边渗进来，时间久了，窗户下方因为长时间潮湿，油漆都有膨起的现象，搞不清楚到底窗户哪里出了问题，又不想全部更换铝窗，有其他补救方法吗？

主任解惑

先判断窗户和墙体衔接处的问题点，再决定套窗还是拆除重装

二手房若房龄较老或者建造时施工不当，都可能造成窗户渗水，如果没有妥善处理，时间一久，窗户周围墙面甚至还会产生恼人又不美观的壁癌。至于窗户是不是一定要重新更换，要先判断窗户漏水的真正原因。若是窗户渗水而非窗与墙边之间进水，就直接解决窗户本身问题，不必全部拆除，这是最简单有效的处理方式。但若是墙面和窗户之间有裂缝或窗框歪斜等，则套窗就无法根治问题，必须重新换窗了。

窗体歪斜、与墙面之间有裂缝，拆除换窗才能治本。而窗体与墙面无裂缝，仅是铝料、胶条老化等问题，套窗即可解决问题。

窗户漏水主要原因和解决对策

从窗户渗水位置可以发现5大主要原因。

1 窗户与墙面之间发现因为地震造成的裂缝

台湾多地震，在地震应力的拉扯下，窗边墙面会出现裂缝，水就会渗入。若要填补缝隙，应根据墙面材质采用相应的做法。

地震造成窗边裂缝。

解决方案

（1）砖墙结构，拆除重做新窗

由于砖墙结构本身不像混凝土结构较为密实，砖和砖之间仍有缝隙，若采用打针处理，发泡剂可能会流入墙内其他区域，无法确实填补与窗户之间的缝隙。因此，通常会建议拆除窗户重做。

（2）RC墙面，可用打针处理

若窗户所在的墙面是混凝土结构（RC），可使用打针方式处理，将发泡剂打入墙壁裂缝中填补，以阻隔雨水渗入。

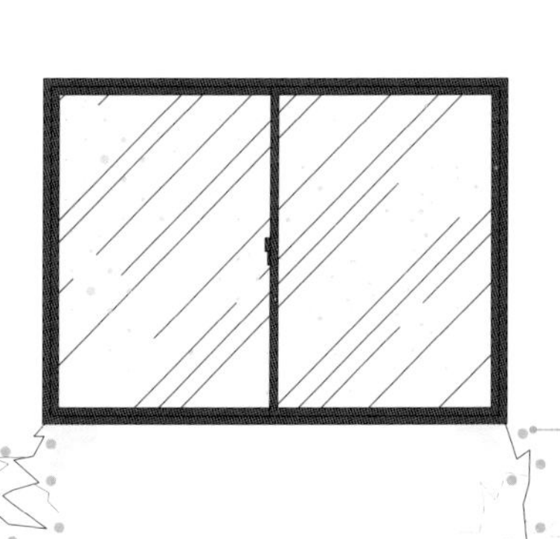

通过打针注入发泡剂来填补缝隙，避免水渗入室内。

名词小百科

打针

俗称打针的工法指灌注止漏，又叫高压灌注。运用高压灌注机搭配止水针，利用压力将止漏材料注入裂缝，以达到止漏的效果，主要在室内施工。

2 窗户铝料变形或胶条老化产生的缝隙

风压较大或窗户老旧，会造成铝料变形、胶条老化的情况，就会产生缝隙，水就会进入室内，造成漏水问题。

这是窗户上方的钢筋受潮，产生爆筋的情况，挤压到下方窗框，导致铝料变形。

⊕ 解决方案

（1）胶条老化，更换就好

更换胶条就可解决缝隙漏水问题。

（2）铝料变形，依严重程度决定套窗或拆除换窗

若铝料变形不严重，没有漏水现象，可用套窗解决。一旦变形严重，窗户和墙壁之间就会产生缝隙，这种情况就必须重新更换新窗。

3 窗框与墙面没有填满缝隙

若在安装窗框时，与墙面之间缝隙没有确实填满，窗框四周容易进水。

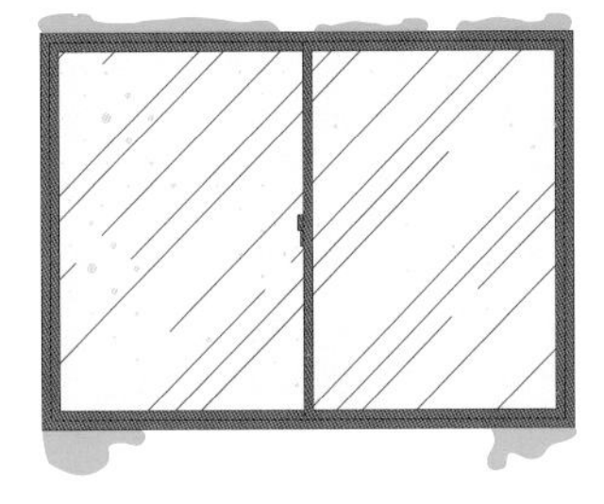

水泥砂浆没有填满，产生空隙。

⊕ 解决方案

敲掉窗边填缝重做

敲除窗边四周，把填缝不确实的区域都拆掉，重新再以水泥砂浆补满。

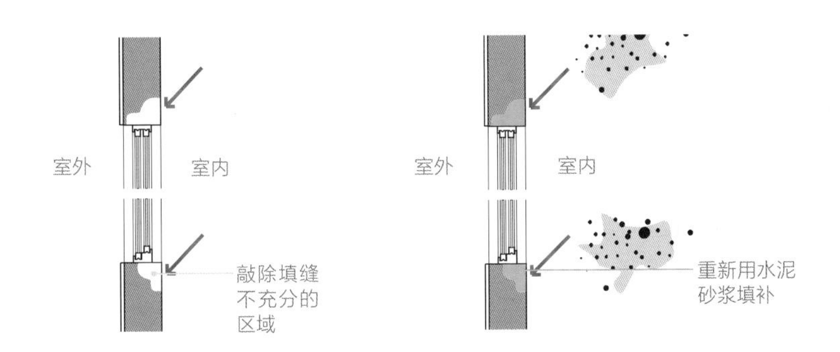

4 水从窗框和玻璃的交界处渗入，可能是硅胶老化或脱落

若发现是窗框和玻璃之间漏水，则注意玻璃四边的硅胶是否有老化或脱落的情况。一旦有脱落，则会出现空隙。

⊕ 解决方案

清除硅胶重做

清除窗户内外的硅胶，全部重新施作。

5 仅在窗户下缘发现漏水，上方没问题，观察窗台的泄水坡度和窗框内外的高低差

若发现漏水区域集中在窗户下缘，可检查窗台是否做了泄水坡度。若没做泄水坡度，水就积在窗台出不去，进而渗入室内。另外，有些老旧型号的窗户，窗框下缘没有高低差的设计，一旦雨量过大，水来不及排出，就容易发生漏水情况。

⊕ 解决方案

（1）重做泄水坡度

若墙壁和窗户之间没有任何裂缝或歪斜，不需换窗，建议重新施作向外倾斜的泄水坡度就行，避免雨水停留在窗台。

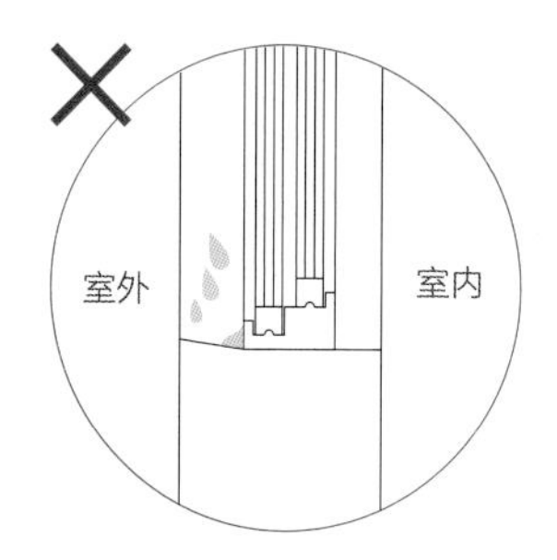

窗台的泄水坡度不够，造成积水渗入室内。

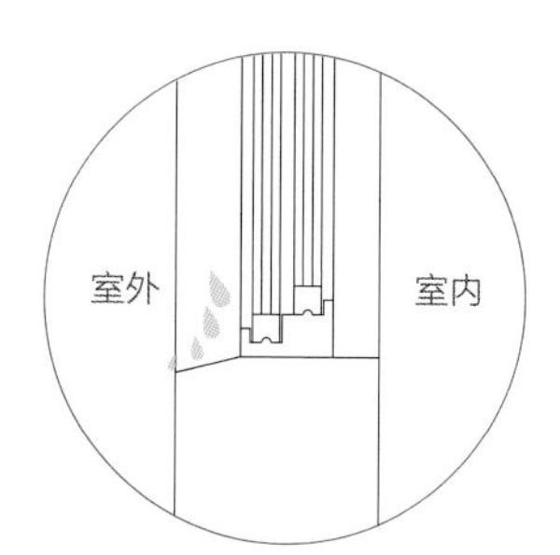

重做窗台的泄水坡度。

（2）老式窗框无高低差，套新窗解决

若窗户本身和墙壁之间无裂缝，可直接套新窗解决。

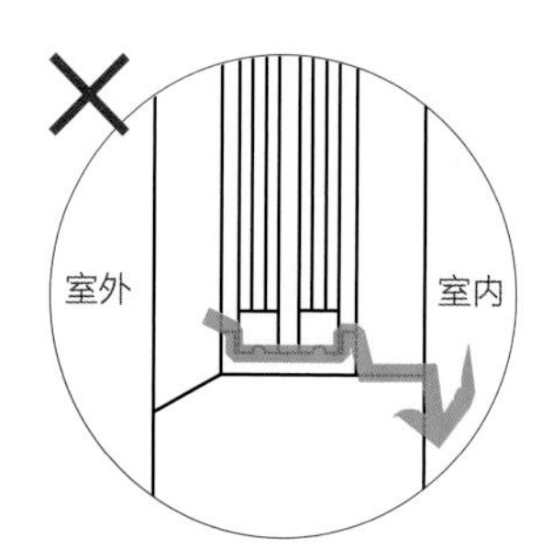

旧窗型的窗框下缘是水平的，无高低差设计，雨水容易进入。

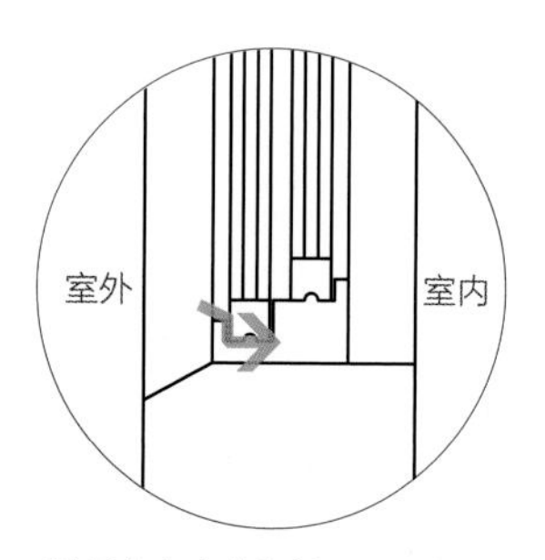

重新套上有高低差设计的新窗即可。

主任的魔鬼细节

优选 内退墙面外缘安装新窗，否则雨水照样流入室内

有些铝制窗框是中空管设计，因此，如果窗户外墙上方瓷砖有缝隙或裂缝，雨水就很容易沿着瓷砖流进窗框内，导致窗户下方跟着进水。另外，老房子在换新窗时，一定要去现场确认窗台深度的情况，有些老房子的窗台深度较窄，若新窗选用的玻璃厚度较厚或采用双层玻璃，相对都会让新窗的窗框深度变大，若窗户贴平外墙安装，雨水容易顺着窗户和外墙的缝隙进入。

一般建议在架设窗框时位置不要太靠近墙面外缘，可以稍微内退一些，5厘米以上，做滴水线的设计，减少雨水顺势渗入窗户流入室内的机会。另外，若外墙有明显老旧裂痕或水渍，为了防止水进入窗框，可在窗户上方额外加装不锈钢水切，创造类似屋檐的效果。

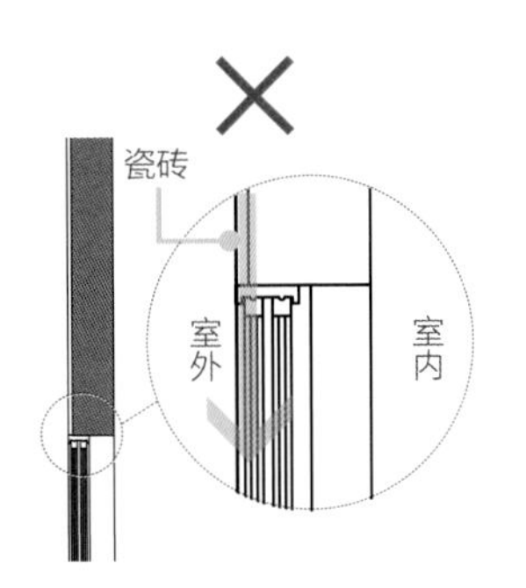

窗框与外墙贴齐，增加了雨水渗入的机会。

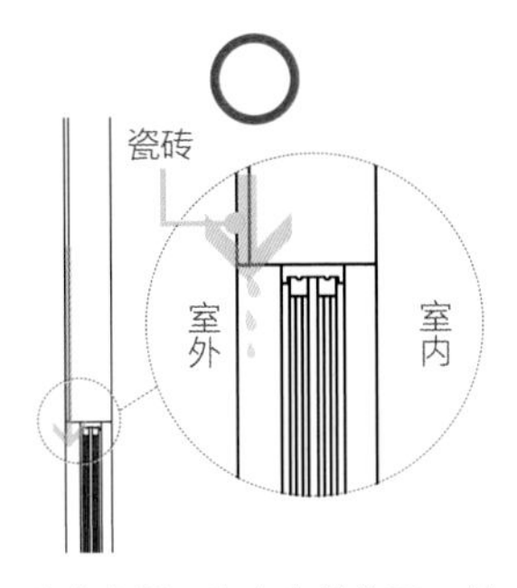

窗户内退，让水自然往下，创造滴水线的效果。

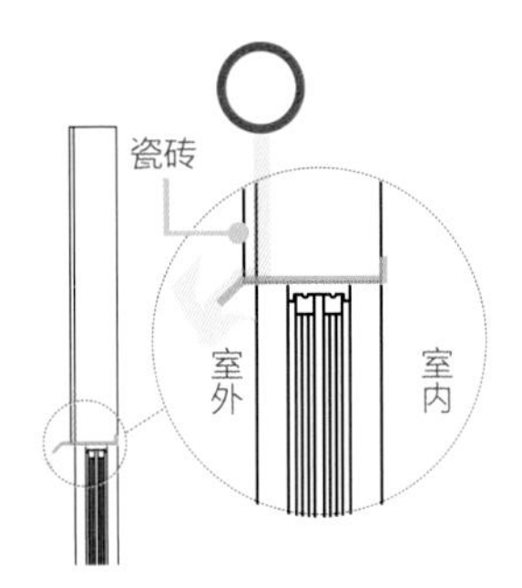

外墙老旧的情况下，窗框上方加上不锈钢水切，引导雨水向外流。

监工重点

检查时机

等待雨天检查窗户施工完成后的情况

- ☐ 1 窗框和墙面之间水泥砂浆（水路）要填实。
- ☐ 2 窗台要做向外倾斜的泄水坡度。
- ☐ 3 玻璃四边施打硅利康。

我踩雷了吗？

地震后的裂痕导致漏水，要怎么修补才好？

新买的房子，几次地震后窗户下方及部分墙壁都有明显的裂痕，台风过后这些裂痕竟然开始有潮湿渗水的现象，担心以后产生壁癌，该怎么有效处理？

主任解惑

打入发泡剂，填补缝隙

大楼结构受到地震应力拉扯使墙面产生裂缝，导致雨水很容易就从缝隙渗入，若大楼是RC结构，可使用负水压工法从室内处理。“打针”就是利用高压灌注将发泡剂打入墙壁裂缝，以防堵的方式阻挡外来雨水。优点是施工较容易，能快速解决漏水问题，缺点是漏水源头仍没有解决，以后有可能因为地震再度渗水。

要注意的是，只有墙面是RC结构时，才可灌注双液型发泡剂；若为砖墙，要重新施作防水层才行。

做对“打针”不出错

Step 1 钻孔埋设高压灌注针头

针对漏水裂缝，从最低处以倾斜角度钻孔至结构体厚度一半深，再由下往上依序钻孔，钻孔完成后再于孔洞埋设灌注针头。

孔距25～30厘米即可。

Step 2 高压灌注止水剂修复

灌注针头埋设置完成后，以高压灌注机注入防水发泡剂，注射至发泡剂从结构体表面渗出，待防水发泡剂接触空气硬化后，再测试漏水情况。

灌注发泡剂。

Step 3 移除针头，清除多余发泡剂

发泡剂灌注完成后，测试确认无漏水，就可以清除结构上多余的防水发泡剂。

清除多余的发泡剂。

➡ 名词小百科

负水压工法

所谓负水压工法就是在漏水的内面施作防水。例如：顶楼的天花板、壁癌面都是负水压面；施作于负水压面的防水材料，利用填塞、渗透等方法与结构结合，以防堵外来水进入，但在负水压面防水无法阻断渗漏水源头，以后因台风、地震等天然灾害较有可能再次发生漏水的情况。

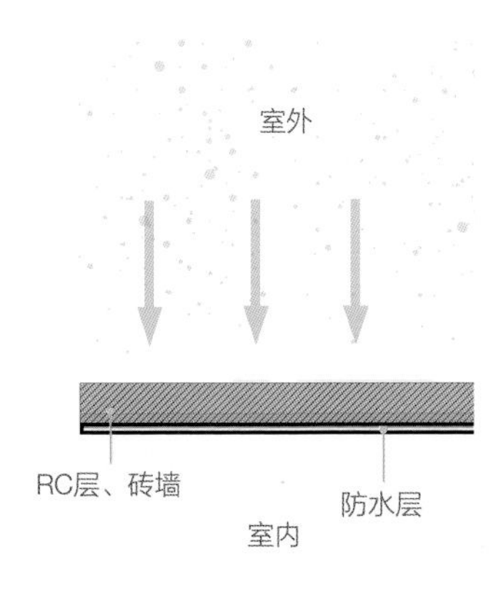

主任的魔鬼细节

优选 要在裂缝两侧交叉打针，才能确保堵住裂缝。

由于裂缝都是呈现不规则状，在无法确定墙内裂缝位置的情况下，需特别注意，应与破裂面交叉，一左一右钻孔埋设灌注针头，堵住所有可能的裂缝，注射效果才会比较好。

针头位置要一左一右、上下交错，才能有效防堵看不见的裂缝。

监工重点

检查时机

施作水泥砂浆粗坯打底前验收

- ☐ 1 要分次灌注至发泡剂从表面渗出，确认填满。
- ☐ 2 灌注过程中注意是否从外墙或别处缝隙溢出。
- ☐ 3 粗坯打底前，待下雨天检查裂缝无漏水。

我踩雷了吗？

外墙瓷砖脱落导致渗水，该怎么处理？

20年老房子的主卧多处墙面有大面积壁癌，发现可能是外墙瓷砖脱落，水渗入墙面，该怎么有效处理才可住得安心？

主任解惑

重做室内防水层

公寓外墙可能因为年久失修或者受到地震影响，使瓷砖老化脱落、窗框及墙壁产生裂缝，这些因素都会使无孔不入的雨水沿着外墙瓷砖缝隙顺势渗透进入屋内，造成室内墙面产生问题。若想要彻底解决漏水问题，以红砖结构的老房子来说，一旦有壁癌情况，优选做法是内外墙面都重新施作防水。要注意的是，只整修自己楼层的外墙是不够的，要连整栋楼层的外墙也一起重新整修，才能一劳永逸。但这样的工程耗时费力，所花费的费用也较高，因此，实际情况下重做室内防水就好。

在实际条件不允许外墙做防水的情况下，只好加强着重于室内，室内的每一层防水工程一定要仔细施作。

红砖结构防水这样做

Step 1 凿开室内墙壁表面

处理室内壁癌工程第一步，先凿开壁癌区域的墙壁表面，凿壁深度要打到结构红砖层才可以有效处理漏水。

打到看见红砖。

Step 2 涂上防水剂，加强防水

施作区域的表面凿至红砖层后，先涂上加入防水剂的水泥砂浆填补缝隙，初步隔绝外来雨水，第二层再涂上壁癌药剂，强化壁面防水的效果。

涂上防水剂，加强防水。

Step 3 以水泥砂浆打底并粉光

防水层施作完成后，先以1：3水泥砂浆粉刷打粗底，之后再以1：2的水泥砂浆均匀涂上粉光表面，待干燥后就可依设计需求上漆，进行表面修饰。

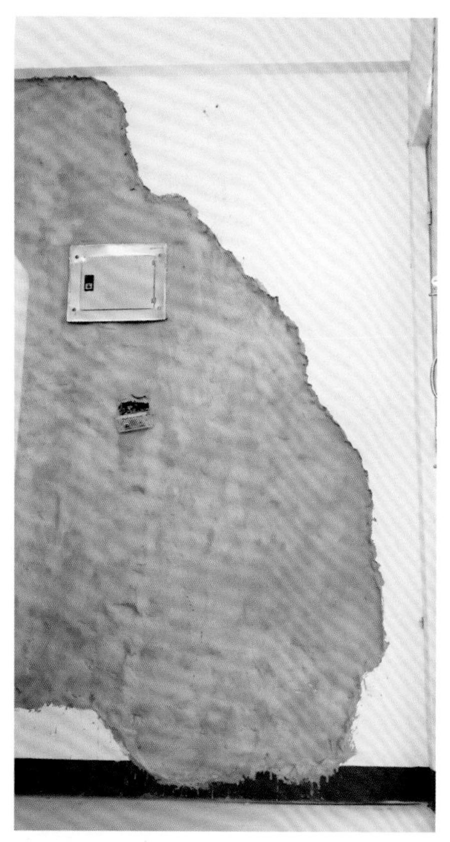

以1：3的水泥砂浆打上粗底。

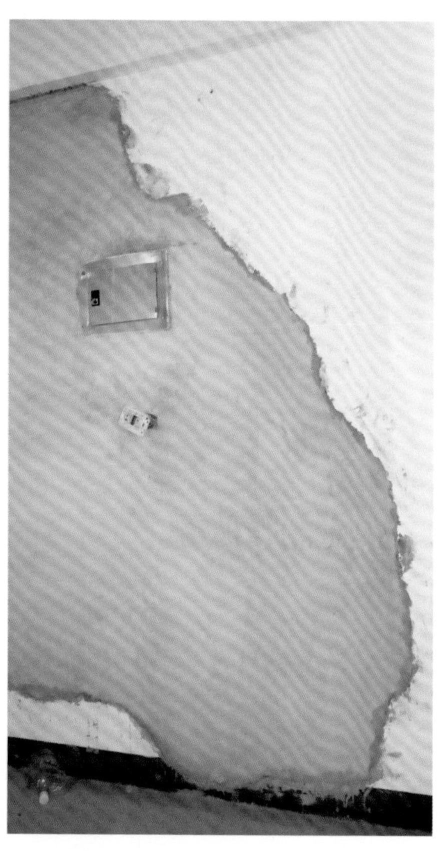

以1：2的水泥砂浆施作水泥粉光。

主任的魔鬼细节

优选 扩大凿面，加强防水范围

处理壁癌时，如果是红砖结构就不适合使用“打针”的方式，因为由红砖堆砌的结构本身有很多间隙，“打针”无法完全填补漏水裂缝，因此针对壁癌区域以防水剂重新施作防水层是较适合的方法。要注意的是，在进行打凿表面时凿面要比实际壁癌的范围大，目的是扩大后续施作防水处理的面积，确保彻底隔绝漏水源头。

打凿前的壁癌范围。

扩大凿面，加强处理漏水范围。

监工重点

检查时机

待防水工程施作完毕后面材施作前做漏水检查

- ☐ 1 凿壁时要打至结构层再施作防水。
- ☐ 2 凿面范围要比壁癌面积大。
- ☐ 3 施工完等雨天确认墙面是否仍有渗水，再继续后续的水泥粉刷等表面装饰处理。

我踩雷了吗？

楼上浴室防水有问题，楼下天花板跟着遭殃？

黄太太住了20多年的房子，最近楼下住户向她反映楼下浴室天花板有多处漏水，要她重新整修浴室。楼下漏水真的是楼上的问题吗？

浴缸积水。

给水管漏水

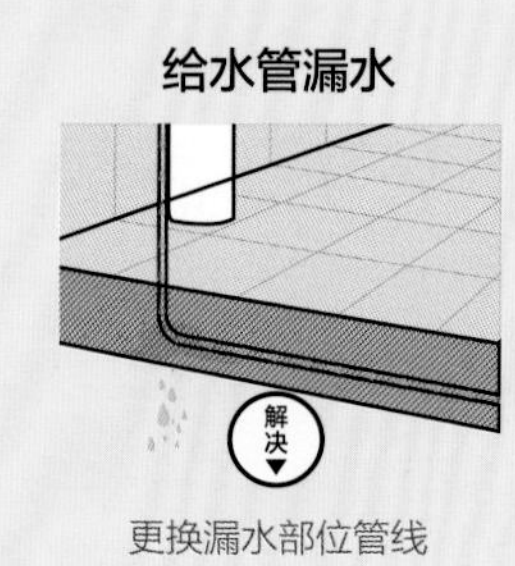

更换漏水部位管线

排水管漏水

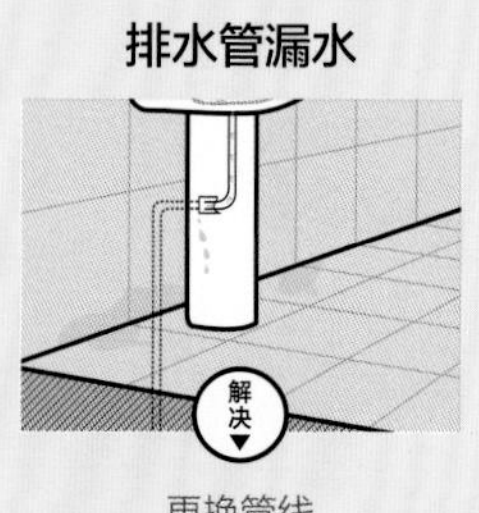

更换管线
若是地面的落水头，需重新铺上不织布，加强防水

主任解惑

在格局未改动的情况下，很有可能是卫浴漏水造成楼下天花板出问题

若卫浴格局没有变更过，楼上楼下的格局大多是相同的，因此若楼下的卫浴天花板有漏水的情况，很可能是楼上的卫浴出现了问题。

浴室是家中用水最频繁的地方，发生漏水的概率相对也高。一般来说，浴缸和排水孔是卫浴容易发生漏水的地方。例如浴缸与墙面接缝处，收边的硅利康或水泥会因为湿气或地震脱开，水就从缝隙流入浴缸下方，若再有泄水坡度没做好，使水积聚，防水层长期受到浸润而失效，使楼板漏水到下方楼层。解决的方式就是重新施作浴缸区域的防水层。另外，排水孔也是浴室最常发生漏水的地方，排水孔管边与水泥砂浆脱离造成渗水。排水漏水位置若在落水头则较好处理，若是埋在地板内的给水管漏水，就是较大工程。

卫浴漏水的原因有很多，例如管线衔接处渗漏、浴缸和排水管边缘有缝隙、泄水坡度没做好及长期积水造成防水层失效等，必须一一检测，找出漏水原因，再对症下药。

浴缸与墙面接缝处老化、裂缝

拆除浴缸和瓷砖，重做防水层

泄水坡度没做好导致积水

重新施作浴室地面的泄水坡度

管线漏水这样修

Step 1 先从天花板维修孔初步查漏水原因

由于目前住宅大多将排水管悬吊在楼下住户的天花板，因此要先推测浴室天花板到底是什么原因漏水，必须打开维修孔才能初步检查。一般管线渗漏通常发生在接头或弯头的地方，但如果是楼板漏水就不一定在对应位置，要先排除管线漏水后才能确定。

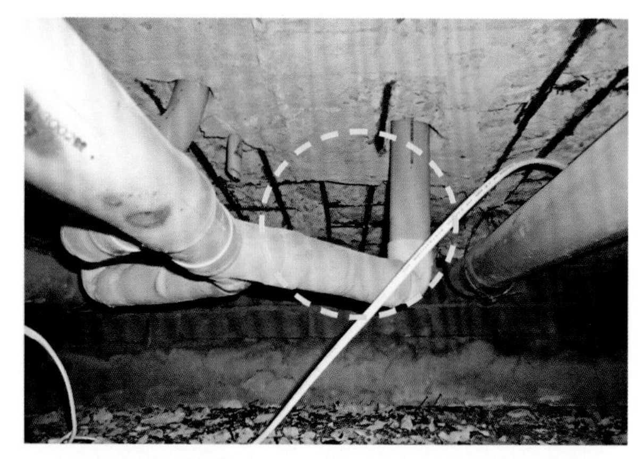

确认天花板内管线的漏水位置，此图可发现因漏水的缘故，已有钢筋爆筋的问题。

给水管漏水导致的壁癌。

Step 2 从上方楼层开水测试找出漏水点

由于排水管的渗漏不是持续性的，在用水时才会有明显渗水现象，因此从上方楼层的排水处逐一开水检测，例如浴缸、洗脸盆、排水孔等，然后对应下层漏水位置。

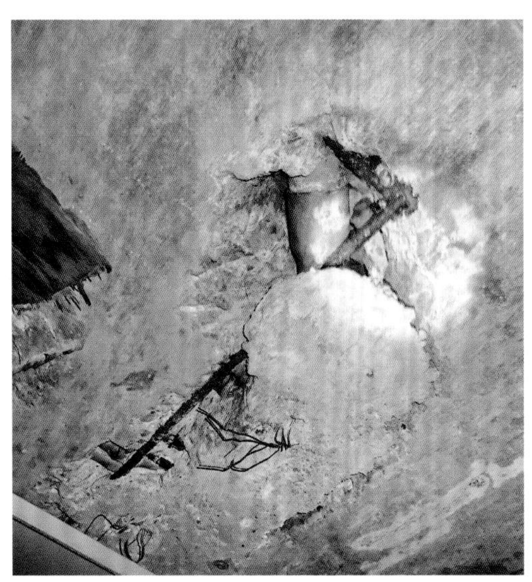

开水测试，注意管线是否有漏水。若有水痕，表示此管漏水。

Step 3 针对漏水点更新管线

维修时只要直接更换管件就可以，管线修复完再测试，确认没问题才可以进行复原工作。

浴缸漏水这样修

Step 1 拆除浴缸和瓷砖

浴缸漏水很可能是墙面和浴缸交接处未做好防水、地面的排水孔出了问题，或是泄水坡度没做好，因此一旦浴缸区发生漏水问题，就要一并拆除浴缸以及和浴缸交接的地砖、壁砖。

浴缸和墙面交接处渗水，导致内部积水。

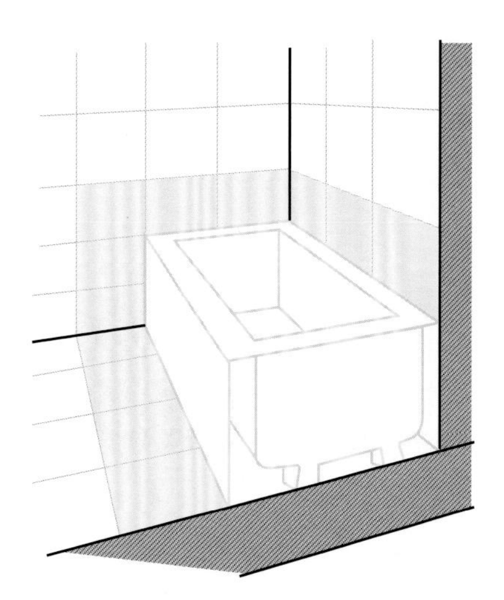

拆除浴缸和地砖、壁砖。

Step 2 重做泄水坡度和防水层

浴缸区的地面重新抓出泄水坡度，再在墙面和地面涂上防水涂料。

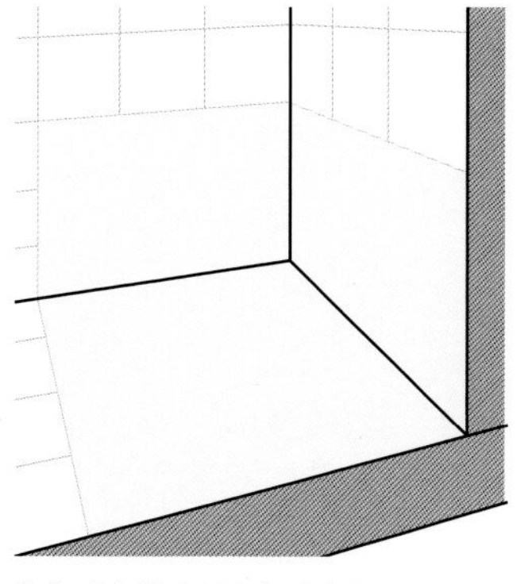

施作泄水坡度和涂布防水层。

主任的魔鬼细节

优选 1 用有色水准确找出漏水位置

如果浴室可能有2个以上的渗漏点，可以利用不同颜色的染料稀释水来检测，只要将染料水分批倒入可能漏水的地方，从滴漏水的颜色准确判断漏水位置。

优选 2 要剔除的瓷砖面积会比浴缸区大

当水进入壁面时，水泥砂浆吸水有可能会发生毛细孔的虹吸现象而扩大渗水面积。保险起见，在拆除瓷砖时会多拆一些，比浴缸区大。

原有浴缸高度。

监工重点

检查时机

漏水管线更换完成后天花板复原前

- ☐ 1 浴缸下方及地面以水平尺确认泄水坡度是否做好。
- ☐ 2 注意浴缸与墙面接缝处需填实硅利康。
- ☐ 3 开水测试更换管件的漏水点是否修复。

02

想住顶楼请小心，漏水、闷热一起来

我踩雷了吗？

装修完天花板就漏水，是哪里出了差错？

刚住进20年房龄的顶楼，装修完后没多久客厅天花板竟然出现漏水水渍。过了一段时间，水渍范围慢慢扩散，连厨房和阳台的天花板都开始不断滴水，该怎么处理？

找出屋顶漏水点

屋顶地面有裂缝或防水层被植物根系破坏

重新填补裂缝并做防水层

主任解惑

一定是顶楼地板的防水层或排水出了问题

位于顶楼的住户发生天花板的漏水问题，基本上是屋顶地面发生问题，并非是装修过程中发生不当施工造成的。可能是屋顶防水失效、排水不良，导致积蓄的雨水从裂缝渗入楼层天花板，或者管道间因大雨进水，导致水沿着水管流到屋内裂缝。处理顶楼天花板漏水较有效的做法是同时使用正、负水压工法，也就是从屋顶着手重新施作防水，以隔绝水进入，也从室内天花板堵水，达到一劳永逸的防水目的。

顶楼地面防水层被植物根系破坏。

位于顶楼的住户在重新装修前，务必要到屋顶留意地面是否有裂缝、排水管是否有堵塞等问题，尽早解决，这样才能避免装修完又必须重做的窘境。

管道间进水

管道间顶楼防水施作以及密封室内管道间

泄水坡度没做好

地面重做泄水坡度，并重做防水层

排水口堵塞

更换地面落水头，要能预防落叶和砂石进入

屋顶防水这样做

不论是泄水坡度没做好，还是有裂缝的问题，重新整修时都必须特别注意防水层的施工，只有做好防水，才能不再受漏水困扰。

Step 1 做好基础毛坯地面整理工作

屋顶施作防水层时，为确保防水层与底层紧密接合，在施作屋顶防水工程前一定要先做好整理毛坯地面的工作。首先打扫表面，确实填补裂缝，将施作面仔细整理干净，并修补地面坑洞积水。

整理毛坯地面。

填补地面坑洞和裂缝。

Step 2 涂布第一道底油

在做好毛坯地面整理工作后，开始正式施作防水层。首先涂布一道防水PU底油，底油是结构体与防水层中间介质，目的是凝结地面粉尘，使防水层更紧密地结合在施作面上，是防水工程中非常重要的一道施工程序。

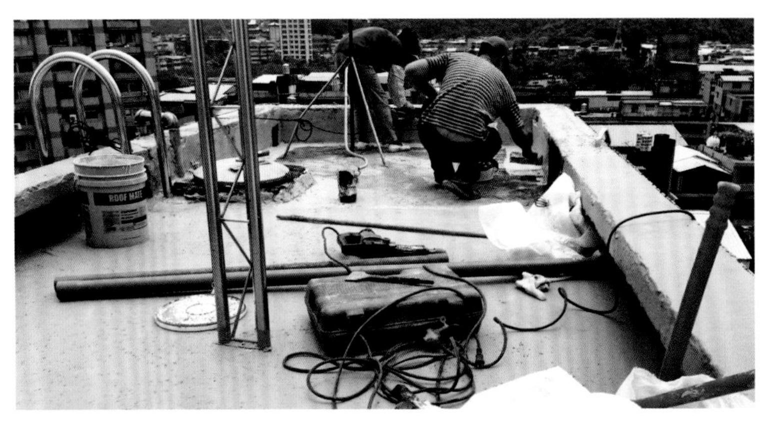

施作防水PU底油。

Step 3 涂布PU中涂材及防水PU面

涂布底油后，再涂布一道防水PU中涂材或铺一层纤维网加强，让防水材不容易裂开，能提高防水功效。

铺上纤维网，避免防水层因地震而产生裂缝。

Step 4 施作两道防水PU或高分子防热漆

最后施作两道防水PU面漆或高分子防热漆，以抵抗雨水、紫外线，并且预防发霉，整个防水工程才算完成。

施作第二道防水。

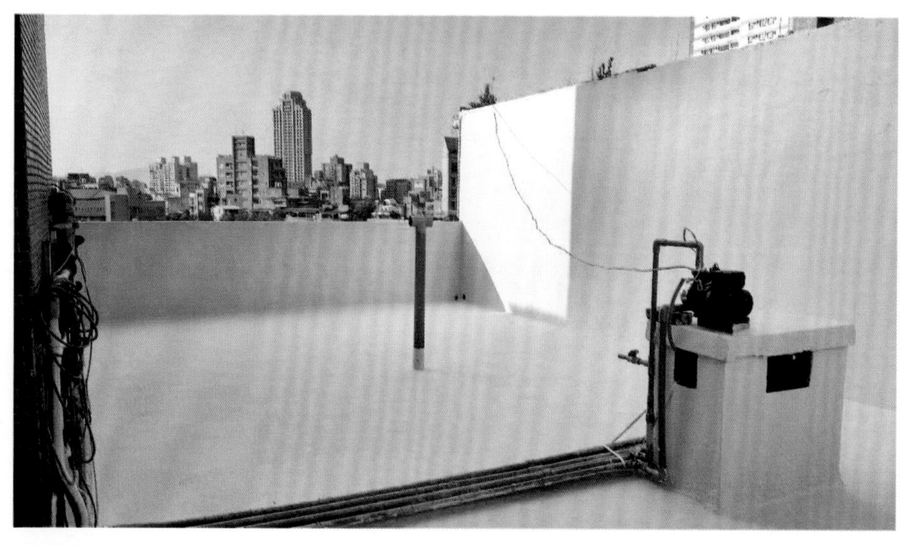

防水层完工。

主任的魔鬼细节

优选 测试地面湿度是否符合标准

毛坯地面整理工程完成后，一定要检查屋顶地面湿度是否符合施作标准，建议在连续晴天后地面完全干燥的情况下施作，最好使用水分含量器测试楼板水分含量，以免残留水气破坏防水层。含水指数为12%～15%应属正常，若超过20%，则是可能还有水汽未散的情况。

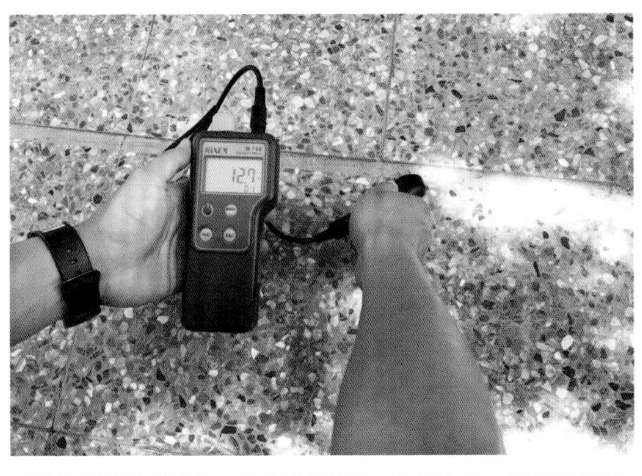

毛坯地面整理后再用水分含量器测量，检查水分含量是否下降。

名词小百科

正水压工法

所谓的正水压防水，就是在正水压面（墙体直接迎水面）施作防水，例如蓄水池里的内墙、建筑外墙、屋顶及浴室贴瓷砖面，防水材料施作在正水压面后隔绝水分进入，水压在大面积的防水层上较不容易被破坏，防水效果较好。

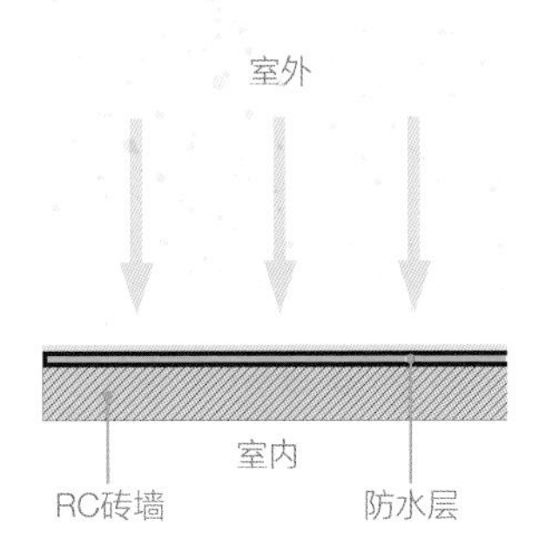

监工重点

检查时机

防水层完成后铺面材之前检测漏水

- □ 1 验收防水可堵住排水口放水或等雨天时检查。
- □ 2 以水分含量器从楼下楼板确认水分含量。
- □ 3 要在施作面材前试水，以免水从面材缝隙渗入，造成膨拱。

我踩雷了吗?

顶楼好热，有什么办法可以降温?

为了高楼层的景观，选择顶楼作为新居，没想到刚进入夏天，屋内温度就开始飙升，闷热到不行，晚上不开空调真的不能睡，电费也很高，有没有什么方法可以散热或者降低室内温度呢?

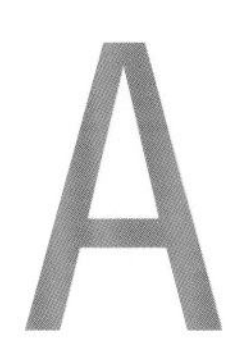

主任解惑

在屋顶地面加上隔热砖或涂布隔热漆，才能有效隔绝热能

购买顶楼房屋前，要先询问楼板隔热是如何施作的，因为每到炎热夏天屋顶层为钢筋混凝土材质，不但隔热能力不佳，还容易吸收太阳辐射热，即使开空调也很难降温。要有效解决顶楼闷热问题，建议直接从屋顶隔绝热能，才能不再闷热。屋顶隔热原理主要是隔绝太阳直晒屋顶。

常常有人问涂上隔热漆往往过了一两年就失效，这是因为风吹雨淋、走动踩踏都会让隔热漆的表面涂层损伤，降低反射效果。因此若要想要延长隔热时效，需再铺隔热砖或加上植物。

屋顶隔热这样做

Step 1 做好防水层后，涂布隔热面漆

一般来说，屋顶的隔热工程和防水工程会一并施作。做好防水后，在表层至少施作2层有隔热功能的PU面漆或恒温隔热漆，每层等干透再继续施作，加强抵抗雨水、紫外线功能，并降低室内温度。隔热面漆一般多为白色，主要因为白色对阳光及紫外线的反射率较高。

涂上两道隔热漆。

监工重点

检查时机

防水工程完成后铺隔热砖前

- [ ] 1 铺隔热砖预留伸缩缝，避免因热胀冷缩产生膨拱。
- [ ] 2 隔热漆完工后尽量避免走动，否则弄脏白色隔热漆会降低反射效果。
- [ ] 3 涂布隔热漆时，每层务必等干透再施作下一层。

Step 2 加强铺设隔热砖

若为平屋顶，可铺设隔热砖。隔热砖有不同种类，常见的五脚隔热砖利用触地支点，让太阳不要直晒地面，从而达到隔热效果；或者新形态的隔热砖，中间采用PS断热板，底部使用保丽龙粒子形成断热结构，隔热效果较显著。

若常在屋顶活动，涂上隔热漆后，建议再加上隔热砖，双重保护，避免隔热漆磨损。

Chapter 2

万事开头好，
别拆坏了房子
拆除和保护工程

保护工程是整个装修流程开始前重要的基础工作。施工过程中会有许多进料、退料、搬运等动作，即使师傅再怎么小心谨慎，都难以避免钉子、铁锤等可能会损伤或弄脏原本要保留的装修。没处理好，有时还会影响邻居，引发争议，因此保护工程的费用和施工绝对不能省。一般来说，保护工程的范围除了室内，还包括室外的施工路径，例如大门走道、电梯内部及出入口、梯厅、其他公共区域。

另外，一般人对拆除工程的认知只是打墙、拆柜子而已，其实拆除是一门学问，一般拆除原则大致是由上而下、由内而外，简而言之就是先拆天花板，再拆墙面和地面。拆除时注意千万不可破坏梁柱、承重墙、剪力墙等建筑结构体。

协助审定 / 黄永宾

01 保护没做好，反成破坏元凶

Q1　为何铺了保护板地板还是有坑洞？

Q2　油漆上完后，家具到处沾到漆！

02 拆错麻烦大，房屋结构要小心

Q3　想大动隔间，又怕拆到结构墙！

Q4　水管没封好，落石掉进去，结果水管堵塞！

Q5　地砖要改成大理石或瓷砖，拆除费用不一样？

专题 保护做完了，工程期间更要注意清洁！

01

保护没做好，反成破坏元凶

我踩雷了吗?

为何铺了保护板地板还是有坑洞?

重新装修保留原有木地板，结果设计师做了地面保护，但完工后发现木地板吃色，又被砸出好几个坑洞，怎么会这样?

主任解惑

保护的夹板不够厚、边缘没贴实才会出状况

施工过程中，难免会有油漆滴落、工具掉落及材料、机具设备搬运放置等动作，例如木地板最怕表面划伤或有坑洞，因此表面一定要铺上夹板，避免被掉落的工具砸伤。选用夹板时，使用过的、表面可能有破损的板材最好不用，一般多用2分夹板。另外，抛光石英砖或大理石这类材质容易吃色，若是完工发现地板仍有污损，表示保护材质太薄或者做得不够周全。

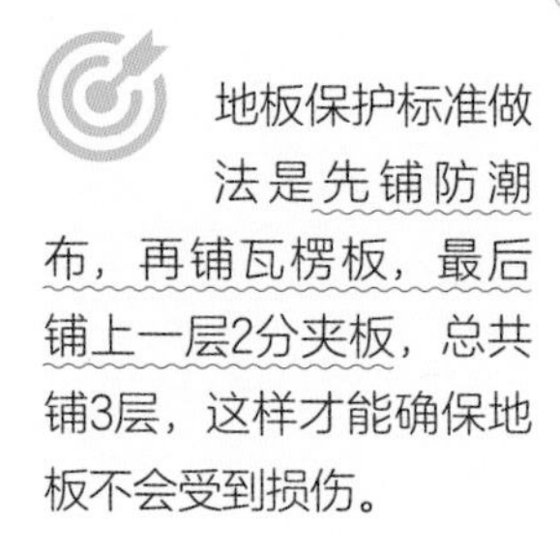

这样保护不出错

Step 1 交叠防潮布减少脏污渗入

第一层先把防潮布铺满，以免油漆、脏水等渗入，造成地板吃色。铺设时，两块防潮布必须交叠，一方面确保防潮布不容易滑动，另一方面则是避免脏污从缝隙渗入。

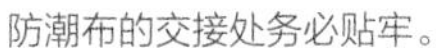

防潮布的交接处务必贴牢。

靠近墙面处也需贴牢。

Step 2 铺瓦楞板缓冲撞击

塑料瓦楞板可以缓冲保护层的耐撞击度，也具有防潮性能，保护石材、抛光石英砖及木地板在装修期间减少受潮。拼接铺设塑料瓦楞板后，要用胶带沿接缝处黏合固定，避免脏污从缝隙渗入。

塑料瓦楞板具有缓冲性和防潮性，有效保护地板。

Step 3 木夹板预防重物掉落

最上层木夹板主要作用是预防尖锐工具掉落损伤地板；木夹板和塑料瓦楞板一样，一块一块整齐铺好后，同样要用胶带沿接缝处黏合封好，才算做好全面的地板保护。

木夹板之间的交接处以及墙边都要以胶带黏合封好，避免移位和脏污渗入。

地板吃色补救方案

木地板吃色

磨掉重新上漆，但会破坏表面的耐磨层，降低耐磨效果

大理石、抛光石英砖吃色

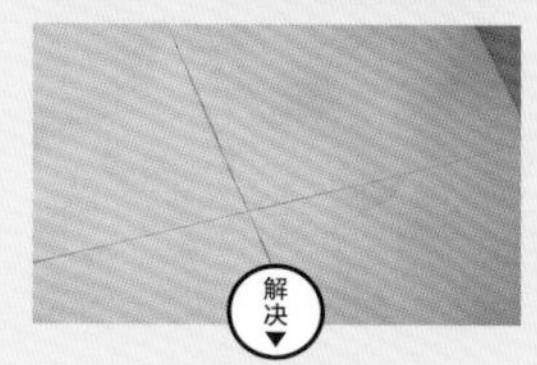

以大理石美容处理

主任的魔鬼细节

优选 如果不铺防潮布，小心地板留下纹路和脏污

多年的监工经历，曾经遇到过保护工程中没铺防潮布，直接铺设瓦楞板的情况，结果可想而知，需要善后的问题一堆。由于塑料瓦楞板本身带有直线条纹路，木地板、大理石或抛光石英砖等，使用全新的瓦楞板铺设，加上工程期间踩踏重压，瓦楞板的纹路可能会转印在地板上，因此务必先加一层防潮布，再铺设瓦楞板，避免纹路留在材质上。

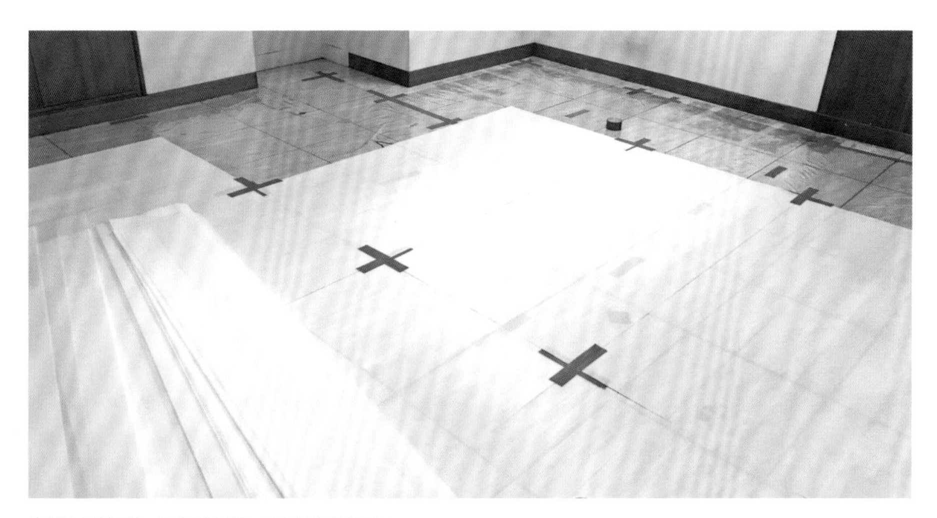

先铺上防潮布，瓦楞板纹路才不会转印在地上。

监工重点

检查时机

开始拆除工程前，检查保护工程是否完善

☐ 1 铺设防潮布时每块边缘要有交叠。

☐ 2 瓦楞板和木夹板铺设完毕后接缝确实粘好。

☐ 3 先铺防潮布后再铺瓦楞板，避免留压痕。

我踩雷了吗?

油漆上完后，家具到处沾到漆！

家里做局部翻修，油漆工程完成后，发现窗框还有家具都被喷到油漆，还要重新清理，好麻烦！

主任解惑

刷油漆前一定要做好保护工程，否则粉尘、油漆会到处都是

如果家里是局部翻修，木作工程结束后紧接着就是油漆工程，在进行油漆工程前，现有家具、窗框及空调的保护就非常重要，因为油漆通过喷漆枪喷洒，会弥漫全屋，除了还要再上漆的天花板或墙面不必包覆，其他已完工的部分都要保护好；另外，开关或木作柜五金等容易被忽略的地方也不可遗漏。

刷油漆前的保护工作会交由油漆师傅施作，要特别注意五金、窗边的接缝处，这些是最容易遗漏的区域。

这样保护不出错

Step 1 依装修种类进行保护范围确定

进行油漆工程前要先确认有哪些地方需要保护，例如地板、家具、门板、门槛、空调设备及窗框都需要仔细保护。

Step 2 依区域选择保护方式

一般来说，不同区域会使用不同的保护材料，例如地面就要铺防潮布、瓦楞板及2分夹板，而柜体、瓷砖墙面、门板可以使用带有塑料布的胶纸包覆，能包覆的范围更大。全热交换器、空调出风口也要贴胶纸，以免油漆粉尘被吸进去影响功能，而对外窗户包好后可以留一点开口通风；已经做好的柜子五金也要用胶纸贴好。

柜体、墙面用胶纸包覆，地面则用防潮布、瓦楞板和夹板三层保护。

油漆工程期间会有大量的粉尘，因此要特别注意包覆好空调。

⊕ 不同区域或不同施工需求的保护措施

保护也要做在关键处。一般来说，保护工程的范围除了室内，从大楼往室内的各通道也要一并保护周全，例如大门走道、电梯内部及出入口、梯厅和其他公共区域，保护的范围和材质则依照规定执行。室内则要视装修情况做适当的保护，保护工程的范围和保护材料需视工程性质决定。

区域		使用材质	注意事项	施作时机
公共走道		防潮布+瓦楞板+夹板	依照规定，有些社区除了走道外，还需包覆到走廊的墙面	
电梯		材质不一，依规定而定	范围包含电梯内部和外部梯厅	开始装修前
大门		防潮布+夹板	门的正反两侧都要用防潮布和夹板保护到位	
室内地面		防潮布+瓦楞板+夹板	1. 有重型机具的情况，夹板要加厚，改用3分夹板较佳 2. 若有大理石门槛，也需额外加上保护，避免边角受损	1. 保留原有地板的情况下，在开始装修前就要保护 2. 施作完新地板后保护
家具、设备、墙面、过道、窗户		胶纸	在贴油漆常用的保护材胶纸之前，有时可能要先贴纸胶，以免日后撕起时伤到家具	施作油漆工程前

主任的魔鬼细节

优选 油漆工程后再铺木地板，以免木地板被污染

因为工序的关系，泥作工班会先进场施作瓷砖，完工后要先保护地板。如果是要铺设木地板工程，可以等喷漆进行完再进场施作，以免地板被油漆喷染到。

铺木地板的情况

油漆工程 → 木地板施工 → 保护地板

铺瓷砖的情况

瓷砖施工 → 保护地板 → 油漆工程

铺瓷砖后要先保护地板。

监工重点

检查时机

木作工程完工后，进行油漆工程前，仔细做好保护

- □ 1 不再上油漆的地方都要包覆完整。
- □ 2 空调室内机要先包好。天花板若有开孔要盖上，以防粉尘进入天花板内部。
- □ 3 配电箱、开关与柜体中的五金等小地方，也要仔细保护。

02

拆错麻烦大，房屋结构要小心

我踩雷了吗？

想大动隔间，又怕拆到结构墙！

旧房子要翻新，设计师说要把房子隔间全拆除，可是空间有很多梁柱，难道不会影响到结构吗？这样安全吗？

主任解惑

依照建筑图纸判断最准确、不失误

拆除工程最重要的是不能破坏梁柱、承重墙、剪力墙等结构，否则易造成房屋不稳定而导致坍塌。但如何判断哪些墙能拆，哪些是结构不能拆？一般来说，红砖墙或轻隔间墙厚度大约10cm较没有结构支撑，拆除不会有太大的问题，而支撑房屋的结构墙（例如剪力墙）绝对不能拆除。基本上，RC墙超过15cm，而且是5号钢筋，就有可能是剪力墙。简易的判定方法是从建筑图纸确认结构。

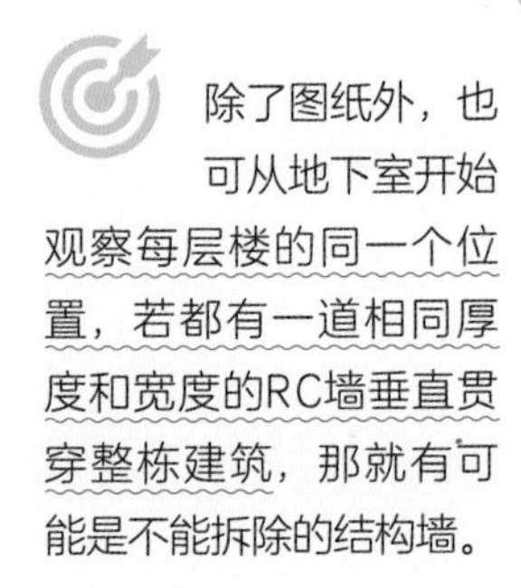

除了图纸外，也可从地下室开始观察每层楼的同一个位置，若都有一道相同厚度和宽度的RC墙垂直贯穿整栋建筑，那就有可能是不能拆除的结构墙。

这样施工不出错

Step 1 看图纸分辨是否为剪力墙

有些建筑隔间墙以RC灌盖，厚度也达15cm以上，因此要正确分辨是否为剪力墙，最好请专业人员判断，或者去当地的建筑管理处调出当初送审的建筑图纸来判断最为准确。

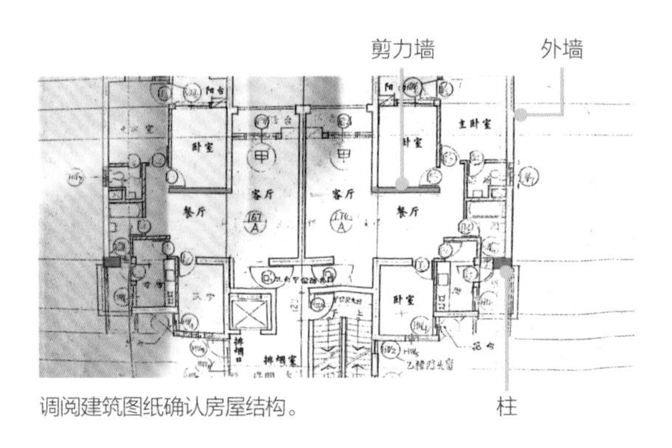

调阅建筑图纸确认房屋结构。

监工重点

检查时机

清运废弃物之前要详细检查

- ☐ 1 不能拆到主要结构墙面。
- ☐ 2 依照拆除图纸仔细检查拆除尺寸、位置是否正确。
- ☐ 3 检查是否有未拆除的地方，必须一次做完，避免增加费用和延误工期。

Step 2 依拆除设计图标示确认拆除位置

进行拆除工程前，设计师会出一份拆除平面图，并到现场依图纸标示要拆除的位置，拆除师傅再依拆除设计图进行。事前要彻底沟通好再动工，避免没拆完，还要多花一笔费用，又造成工程延误。

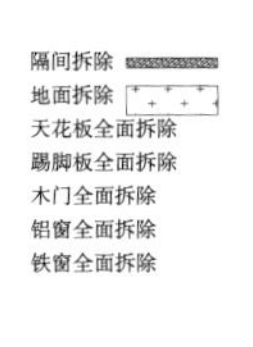

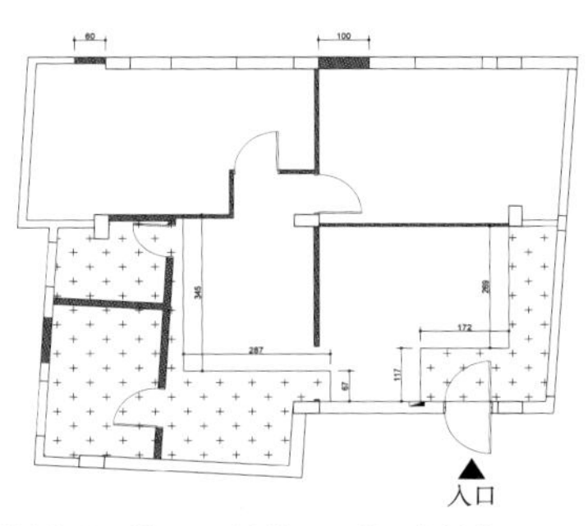

事前要确认好拆除的位置和数量，避免拖延工期和多付费用。

我踩雷了吗？

水管没封好，落石掉进去，结果水管堵塞！

完工没多久，发现浴室排水不顺，重新检查后，结果是泥沙碎石堵塞，这是哪个环节没做好？

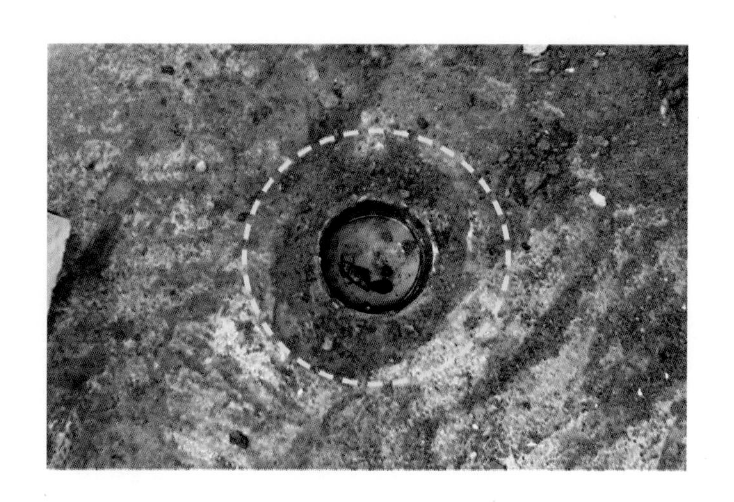

主任解惑

可能是拆除时打破水管，或是排水孔事先没塞好

拆除时，因为管线都藏在墙面或地面，稍有不慎就会钻破水管，一旦水管受损，除了重新更换修复外，也要记得清除掉进去的泥沙碎石，避免水管堵塞。另外，排水管、粪管等管线，都要事先塞好封口，避免施工时有碎石掉入。不能贪图方便不塞好，事后再清理管线，这样很可能发生排水不良的问题。

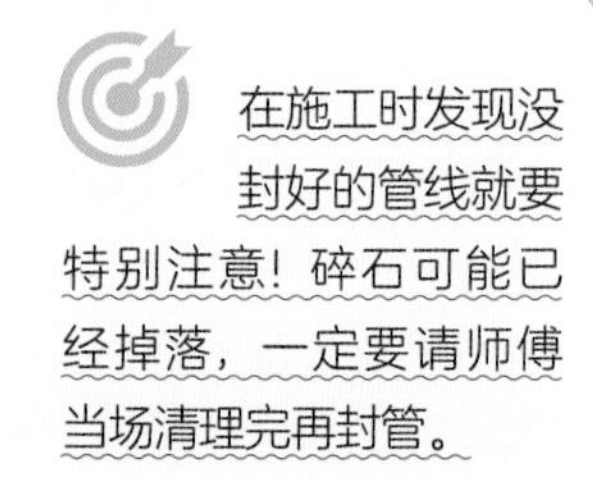

在施工时发现没封好的管线就要特别注意！碎石可能已经掉落，一定要请师傅当场清理完再封管。

这样施工不出错

Step 1 关闭警报器和断电，以保安全

在拆除前要关闭消防警报器，并且做好室内断电措施，预防电线走火及人员触电等意外发生。

Step 2 排水管要塞好或用胶带贴封

开始动工拆除前，要先封好室内的排水系统开孔，例如厨卫、阳台排水孔及厕所马桶粪管，以免拆除过程中瓷砖块、泥块碎屑掉入管线中造成堵塞。

监工重点

检查时机

拆除未退场前，确认管线状况

- ☐ 1 拆除前，检查排水管是否封好，避免碎石掉落。
- ☐ 2 一旦有水管破损，需拍照存证，立即处理。
- ☐ 3 事前和厂商沟通清楚，若有碎石掉落由厂商负责处理。

我踩雷了吗？

地砖要改成大理石或瓷砖，拆除费用不一样？

原有的地砖想考虑重铺大理石或改铺新瓷砖，师傅说拆除的工程会不一样，费用也会不同，为什么？

主任解惑

大理石要拆到见底，瓷砖则是水泥砂浆层没问题，剔除原瓷砖就行

原有地面要改铺大理石或大片的抛光石英砖时，都算是大工程，会影响到最后的地板完成面高度。铺设时，会有3～5cm厚的水泥砂，再加上大理石本身的厚度，会需要不少的施作高度。因此，拆除时必须要拆到见底，也就是要拆到楼板层（RC层）。这样日后在铺设时，才有足够的地面高度可以使用。另外，大门与室外地板高度是否适合以及室内房间、浴室是否要一起垫高，都必须一并考虑。

若要铺60cm×60cm以内的新瓷砖，以水泥砂浆铺底，施作高度相对较低，因此只要水泥砂浆层没问题，剔除原瓷砖即可。

只剔除原瓷砖，无须拆除水泥砂浆层，因此工时相对较快；而拆到见底，则时间花费较多，也较为费力，因此费用相对会高。

另外提醒，若要改铺木地板，则要注意原有地砖是否有膨拱问题。若有则要拆除到见底，重新填补凹洞，整平后再铺木地板。

这样施工不出错

Step 1 以重新铺设的地板类型决定是否拆除原有地板

以要铺设的地板材质决定要拆到多少，例如铺设抛光石英砖或大理石地板就要拆到见底，若是铺一般地砖只要拆到表层就可以了。另外，重新铺设木地板，地面需平整，若原有地砖状况良好，可以不拆，直接铺上木地板。但若有膨拱情形，就必须拆除有问题的瓷砖。

重铺地板的拆除方案

新铺设的地板材质	木地板	瓷砖	抛光石英砖、石材
原有的地面拆除方式	1. 地板不平：拆除问题瓷砖，整平后再铺木地板 2. 地板平整：直接铺木地板	剔除地砖	拆除地砖，并打到见底

Step 2 拆除地板，彻底清理地面水泥

拆除地砖，用电动锤打除完成后，残留水泥碎块一定要清理干净，若地面仍存有碎石，后续要铺水泥砂时，会导致水化作用不完全，碎石和水泥砂无法紧密结合，就容易产生缝隙或发生地板膨起的问题。

剔除瓷砖的情况。

打到见底的情况，清除碎石，避免产生地面不平的情况。

Step 3 铺上水泥砂，贴抛光石英砖或大理石

水泥和砂混合均匀后铺在地面上，淋上一层土膏水后贴抛光石英砖或大理石。要注意的是水泥砂会有一定的厚度，因此事先需计算好完成面的高度，原有地面需打到见底。

铺抛光石英砖或大理石。

监工重点

检查时机

家具软装进场前检查木地板

- □ 1 检查地砖是否膨拱和松动。
- □ 2 确认并修复瓷砖地板至完全平整。
- □ 3 事前算好地面高度，注意面材完成后要不影响门板开合。

保护做完了，工程期间更要注意清洁！

保护工程不只是做在室内，大楼的公共区域也更要小心注意。在施工过程中，会有大量的泥沙粉尘，难免会沾在鞋底或身上，走到大楼的公共区域时，会顺势将泥沙灰尘带出来。另外，在清洗工具时，附着在工具上的水泥砂浆一旦进入排水管，可能会造成堵塞，需事先预防。因此，在工地管理上，我特别设定了一些独有的规范，以达到不扰邻的目的。

Point 1 ▶ 设置踏垫，清除鞋底灰尘

师傅或工作人员经常会进出大楼，因此进出时，在住户门口放置一块湿布踏垫，这样就能尽量不把泥沙带出，减少落尘量，维持公共区域的整洁。

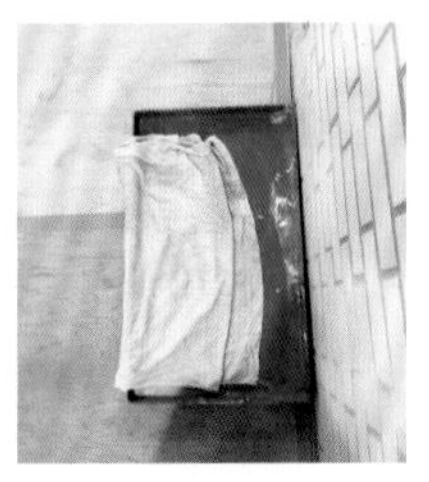

门口加上湿布踏垫，离开时就能清除脚底粉尘，避免弄脏公共区域。

Point 2 ▶ 清洗区设置沉淀箱，避免排水管堵塞

施作的工具难免会黏附到水泥和砂，在清洗时水泥砂浆会一起流入建筑物的排水管内，但水泥砂浆会硬化，可能会使排水管堵塞，水排不出去，造成漏水问题，且事后要清除也十分困难。因此，在工程一开始就设定好工具的清洗区，清洗区下方设置沉淀箱，使水泥砂和水分离，不让大量水泥砂浆进入管线。

清洗区下方设置沉淀箱，有效分离水泥砂浆，避免排水管堵塞。

Chapter 3

谨慎施工，否则漏水、跳电样样来！水电工程

水电工程与日常生活息息相关，工程内容包括给水、排水及粪管铺设，配置电源、弱电电线回路等。由于水电走线大多隐藏在天花板、墙壁或地面的埋入式工程，施工后很难看出好坏，因此稍不注意不但容易被偷工减料，若是配置不当，事后想要补救改善也非常麻烦，严重的还会影响居家安全。

水管部分则要注意选择合适的冷、热水管材质，避免高温损坏，排水管铺排路径则要避免过多转角，并且要抓泄水坡度，以免排水不顺造成堵塞。配电则建议以居住人口用电需求和习惯来计算总用电量，才不会造成跳电的情况。水电属于装修的基础工程，在最初就要详加规划，预算上也千万不要节省，才可以让日后生活便利，住得安心。

协助审定／筌达工程行、世振水电工程

01 配电没规划，平日用电好麻烦

Q1 换新电箱还跳电，到底要如何配电才会够?

Q2 开关和插座位置不顺手，如何规划才好用?

Q3 安装管线乱打墙，埋在墙里看不见也没关系?

专题 管线、出线盒的材质选择

02 水管管线没铺好，给水、排水功能难发挥

Q4 厕所移位置，不小心就堵塞?

Q5 事前没做试水，封墙就定生死!

Q6 动不动就打破管线，延误工程真麻烦!

Q7 冷、热水管离太近，会影响出水温度?

01

配电没规划，平日用电好麻烦

我踩雷了吗？

换新电箱还跳电，到底要如何配电才会够？

家里已经换新电箱，每次厨房电器同时使用就会跳电，好麻烦，一次选用最大容量的电箱，这样可以吗？

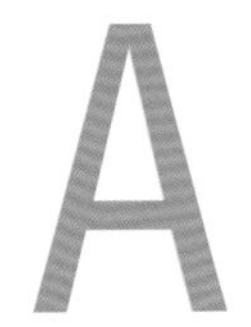

主任解惑

应该新增一条新的专用回路，或是舍弃高功率的电器或插座

设计师在配电前应该事先根据居家人口数及用电习惯来计算整体空间用电量。一般来说，厨房里的烤箱或微波炉等高电耗电器，最好使用专用回路。另外要注意的是，一个无熔丝开关可承载的电量不可过高，如果用电超出负荷范围不会跳电，无法察觉荷电量过载的问题，时间久了可能发生火灾。

电线的荷载过大，会导致电线过热，时间久了外层的塑料就会融化。少了保护的外衣，电线交缠在一起就会导致走火。因此，无熔丝开关是预防电线走火的警示器，不可随意加大电量。

这样配电不出错

Step 1 装修前详列电器表格，计算好总用电量和回路

设计师、水电师傅在配电前会列出所有电器，结合居住者用电习惯，再规划整体空间需要多少回路。现在一般三室二厅（客厅、餐厅，主次卧室、厨房、前后阳台、主次卫浴）的居家来说，一个房间用同一个回路，一般一个回路有6个插座，总共规划12～18个回路，高电耗电器要另外设专用回路，但主要还是以用电量和用电习惯来配置。

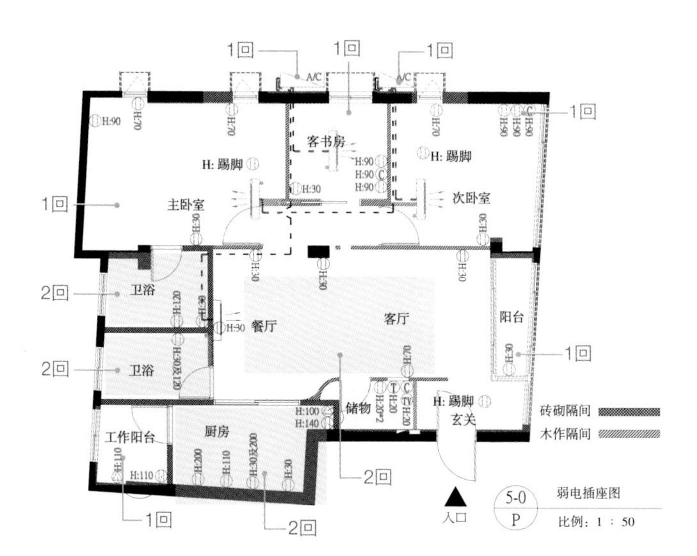

监工重点

检查时机

水电施工前确认配电图

- ☐ 1 事前检查材料是否为旧线，在施工时也要注意电线是否被换过。
- ☐ 2 每个回路都要详尽标明线路。
- ☐ 3 高电耗电器需拉出独立回路。
- ☐ 4 接近水源的插座，例如浴室、阳台、厨房，要配置漏电断路器。

Step 2 拉回路到配电箱，并安装无熔丝开关

计算整体空间用电量后，对应配置汇流排配电箱，再安装无熔丝开关。由这里汇整家里所有的回路，当用电量超载时无熔丝开关会自动跳起，避免走火。

我踩雷了吗?

开关和插座位置不顺手，如何规划才好用？

新家装修好住进去后才发现插座不够用，而且有些插座位置太靠里，很难使用。如果不想另外拉延长线，还可以再增加插座吗?

主任解惑

可以加插座，只是新拉的电线可能会走明管，较不美观

基本上配电箱都有预留扩充空间，可以再拉线接电出来新增一个插座，只是必须打凿墙面埋线，否则就要走明线来解决。
导致插座不够用的原因在于事前未规划完善。在规划水电配置前，功能未确定的空间中，在条件允许的情况下，每面墙最好要有一个插座，出口至少双孔，而现代人生活不可或缺的网络弱电也要一并计算。新大楼通常会跟着插座同时配置，这样才符合现代生活的需求。另外，也会根据空间需求再增加插座，以卧室为例，书桌、床头两侧都会再多配一个插座，所以至少会有5个。因此，在规划插座前一定要列出电器清单，与设计师讨论，规划好电器的摆放位置，才能将插座设定在适当的地方。

插座的位置影响使用体验。除了一般常用的插座外，我还会在柜体踢脚或离地30cm处增设插座，这是考虑到方便清扫，可随时使用吸尘器或扫地机器人。

这样新增插座不出错

Step 1 确立插座位置后，新增明管

在现有空间中增设插座时，要考虑到插座的放置高度和位置。如果墙的另一面有插座，可钻墙配置，如无则只好走明管，虽然较不美观，但这是最省钱的做法。若要将明管藏起来，就必须打墙埋线，耗时费力。

厨卫等用水区域新增插座时，建议拉高高度，避免清洗时泼溅到，造成电线走火或插座内部生锈。

Step 2 整理回路并接上线路

将新增的电路接进电箱，并在配电箱内清楚标示回路名称，以便后续维修。

Step 3 测电

与电箱接电后，利用电表测试，确认是否通电。

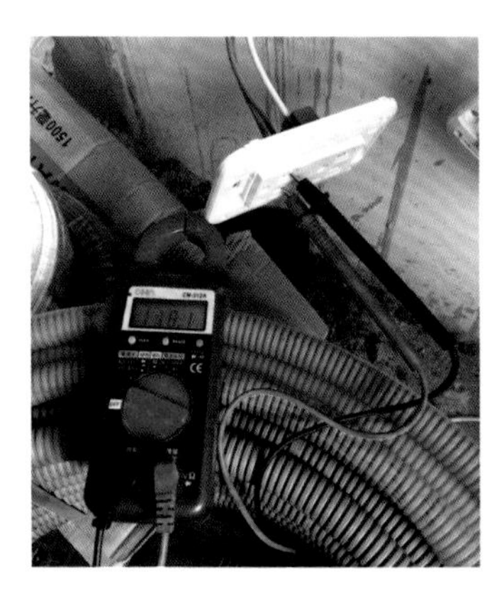

名词小百科

回路

简单来说，一个回路就是一个接通的电路，一个电路中的电流必须从正极出发经过整个电路（电路中必须有电阻，否则就会形成短路），经过所有的电器回到负极就形成了一个闭合回路。一个回路电线在配电箱中会连接一个无熔丝开关，当电线短路或者用电量超载时，无熔丝开关会跳起，避免电线走火；而专用回路是指一个回路只设一个插座，使用电量大的电器不易发生电路超载。

事前这样配电才对

Step 1 详列电器表格，规划家电摆放位置

在配置插座数量及开关时，要先依照选定设备规划摆放位置，绘制电路工程计划图时，图面上要精确标明。

Step 2 依习惯及需求设定插座的高度

插座高度以使用者的习惯配合电器摆放位置设定。现场依照水平基准线来定位，一般插座大约离地30cm，床头插座离地45～60cm，桌面插座离地约90cm。操作台处插座主要以使用者高度来设定，一般离地90～100cm，也要注意与水槽及燃气灶保持适当的距离。

设置水平基准线后，以此为标准，设置不同高度的插座。

名词小百科

强电、弱电

简单来说，强电一般指的是电力安装，例如照明、插座等，根据各国的标准不同，基本上施工的都是110V或220V的电力设备、管线安装。传输信息的为弱电，例如电话、网络、有线电视的信号输入、音响设备输出端线路等。

主任的魔鬼细节

优选 1 事先预留220V给厨房，方便以后新增电器，有备无患！

一般来说，居家用电会依照用电习惯配置，除此之外，电箱在接电时会在厨房多预备一条可变换110V或220V的独立回路。由于220V是两条火线（一条是+110V、另一条是-110V）加上接地线接在一起。暂时可以先将一条火线接到中性线当110V使用，等需要用到高功率的电器时，可以从开关箱换成 220V，就可省去重新接线的麻烦。

优选 2 在现有插座的另一侧新增插座更省事！

若不想走明管，在条件允许的情况下，延伸现有插座的电线，在背面新增插座，这样不仅能避免明管，也能保持墙面的美观。

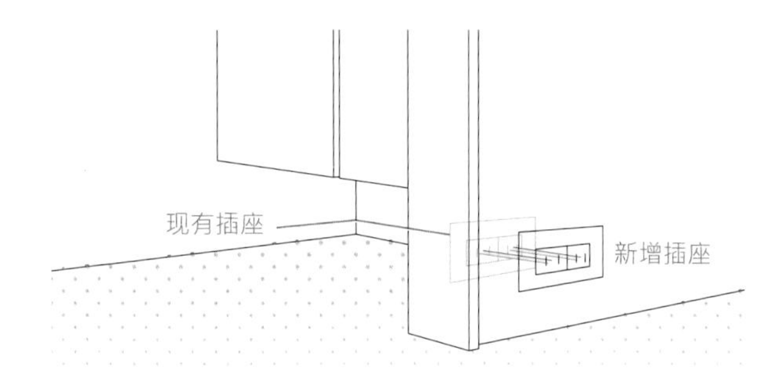

在现有插座的背面新增插座。

监工重点

检查时机

事前规划时，问清楚每个区域的用电情况和插座位置

- ☐ 1 厨房高功率电器要使用独立插座。
- ☐ 2 操作台应预留备用插座，方便果汁机等小型家电使用。
- ☐ 3 新增插座完工时，要确认是否通电，另外，也要注意是否会造成荷载过大的情况。

我踩雷了吗?

安装管线乱打墙，埋在墙里看不见也没关系?

家里是自己找装修队装修，配电安装管线时，看到师傅没画线就打凿，墙面打得乱七八糟，有些地方的出线盒还埋不进去，面板无法与墙壁紧密结合，是施工前少了什么操作吗?

主任解惑

未放样就打凿，不仅墙面被乱打，事后修补也会拖长施工时间

虽然电管是埋在地面或墙壁里，但在正式进场配管之前不能少了放样这个步骤。放样主要目的是让水电师傅知道电管的行走路径，同时也为设计师、监工与师傅沟通提供了方便。因此，放样除了抓出线路的水平、垂直，还有标示电管的走向及定位出线口的作用。设计师画设计图时会事先标明线路及插座，进场时再依照水平基准线画定正确位置，待设计师、监工确认无误后，水电师傅再依照所画路径切割，保持墙壁完整，使后续工程顺利进行，且不会出错。

在规划管线行走路径时，除必须考虑最短距离外，还要考虑到走线的整洁，这样才够美观。

这样电线施工不出错

Step 1 全室放样水平线、定位

拆除完成后水电进场前，在地板完成面向上量出基准高度，然后在全室画一条水平线，也可用这条水平线作为标示水电管线、出线口及开关位置的定位基准。不仅如此，在木作、泥作等工程，也是以此为基准线来施作。

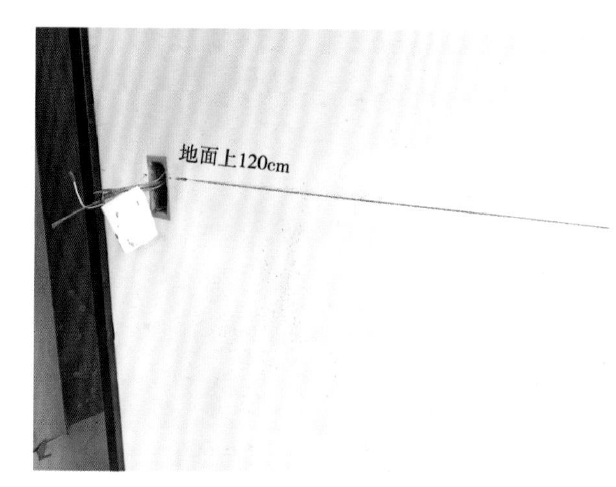

先定出水平基准线，方便师傅规划整体出线口、开关位置等。

Step 2 切割打凿

水电师傅依照放样记号先在墙面切割出管线路径和出线盒位置，再进行打凿。出线盒位置的打凿深度必须适中，如果太浅，出线盒埋不进去。

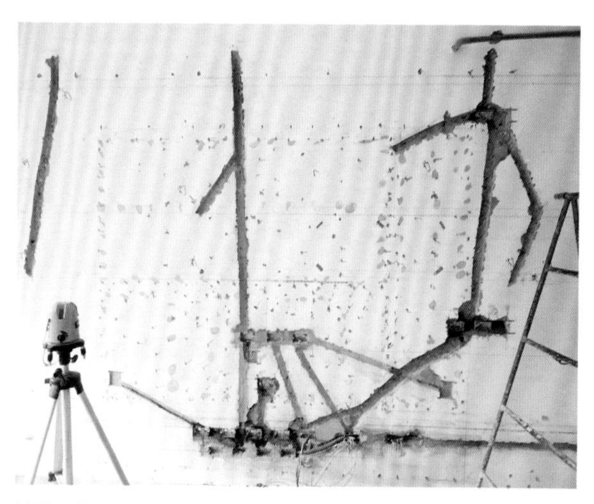

放样后进行打凿，规划出电线路径。

Step 3 埋入出线盒

埋入出线盒的位置先浸湿再抹上水泥砂浆，让水泥砂浆与水产生水化作用，让出线盒更稳固不易脱落。利用量尺调整出线盒的水平和进出。若为并列的出线盒，每个水平需达到一致，完工后才会看起来整齐。

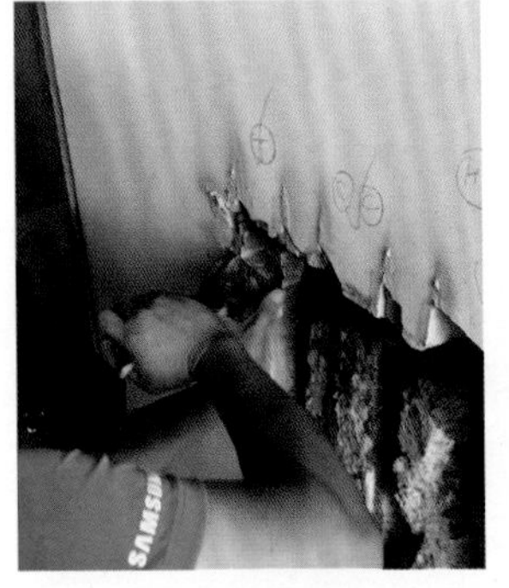

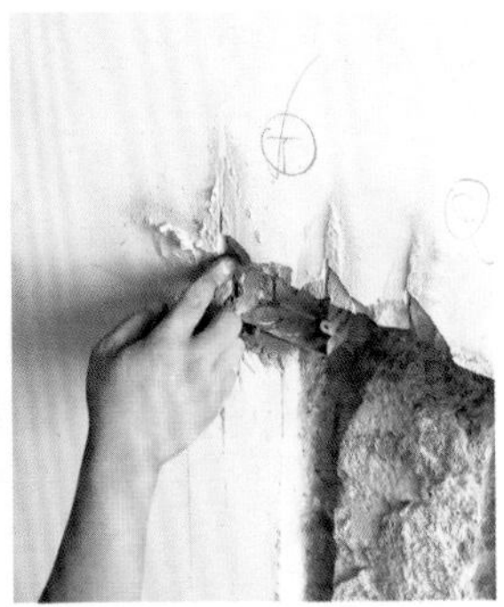

在埋出线盒之前，可先放进凹洞比对，确认深浅和高度无误后，再以水泥砂浆固定。

Step 4 配管

管线穿过出线盒后沿打凿处配置，配完管后立即利用管线固定环固定，再以水泥砂浆定位。配置电管路径时，以不超过4个弯为佳，否则会较难抽拉电线。

配管时要马上固定，避免不小心踢到而歪斜。

Step 5 穿线后做好标记

火线、中性线和接地线捆绑在一起后固定，穿入管线，同时接地线必须接妥，出线口的电线要做上标记，方便后续施工者确认。

穿好电线后，必须做上标记，让后续工班确认电线的用途。

监工重点

检查时机

水电施工的打墙阶段，确认管线走位是否整齐

☐ 1 事前检查是否先做了管线放样，才不会发生乱打墙的问题。

☐ 2 埋入的电管需使用CD硬管，避免水泥砂浆压迫。

专题

管线、出线盒的材质选择

配电时，除了注意施工步骤外，材质使用的合适与否也影响完工品质。以下将针对电线、电管和出线盒的材质来比较。

Point 1 ▶ 电线不用旧的，防止走火

有时会因为电线不够长，师傅来不及买新的电线，为了省去麻烦，直接用旧电线，但这样往往会出问题。老旧电线因为使用已久，可能会有外皮脱落、电线受损的情况，再使用可能导致走火。因此事前要先检查电线材质，还要注意上方的线径标示。一般来说，开关插座、灯具出线是110V的需用线径2.0的电线，220V的需用线径2.0 或3.5、5.5平方绞线才够。

旧电线及电箱。

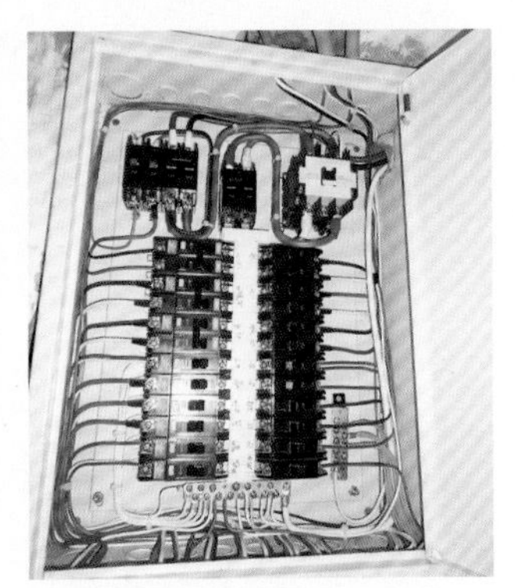
新电线及电箱。

⊕ 硬管和软管的特性比较

	CD硬管	CD软管
特性	质地坚硬，可有效保护电线不受挤压变形	质地较软，用手就可挤压，多用在出线处，方便调整位置

Point 2 ▸ 埋入墙内的电管务必选用硬管，否则会被挤压变形

由于电管大部分都是埋在墙壁中，因此发展出CD硬管，不怕被水泥砂浆挤压而变形，能有效保护管内电线。若使用软管，一旦管线受到挤压，管径变小，因通电而温度升高的电线就会难以散热，最终导致电线走火。

Point 3 ▸ 湿区最好用不锈钢出线盒，才能有效防潮

埋入的出线盒也要注意材质选用，一般有镀锌和不锈钢材质。客厅、餐厅、卧室等使用镀锌材质即可，但在厨房、卫浴、阳台等容易有水的地方，建议选择不锈钢的出线盒，可避免水汽进入。

镀锌的出线盒出现生锈情况。

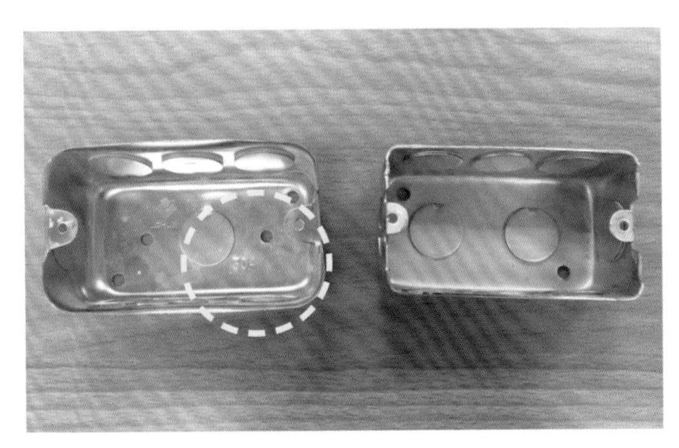

左侧出线盒为不锈钢材质，上方印有304字样，可供辨认。右侧出线盒则为镀锌材质。

02

水管管线没铺好，给水、排水功能难发挥

我踩雷了吗？

厕所移位置，不小心就堵塞？

新家装修要大改格局，想要移动厕所位置，设计师却说要加高地板，如果不垫高，马桶会塞住，这是真的吗？

主任解惑

一定要架高地板，才有足够的倾斜角度让排水系统顺畅

由于大楼所有楼层的厕所管线都会连接到管道间，接着再排到污水系统，因此更改卫浴位置，移动水管、粪管算是一个大工程。一般来说，由于粪管管径较宽，地板架高来隐藏粪管有两种方式，一是往下打地面见到筋，让粪管下埋，地板架高的高度可稍微降低，还有一种是架高15cm的地板。同时，为了让排水顺畅，必须维持足够的泄水坡度。如果选择往下打，必须有足够厚的地板条件，否则无法施作。

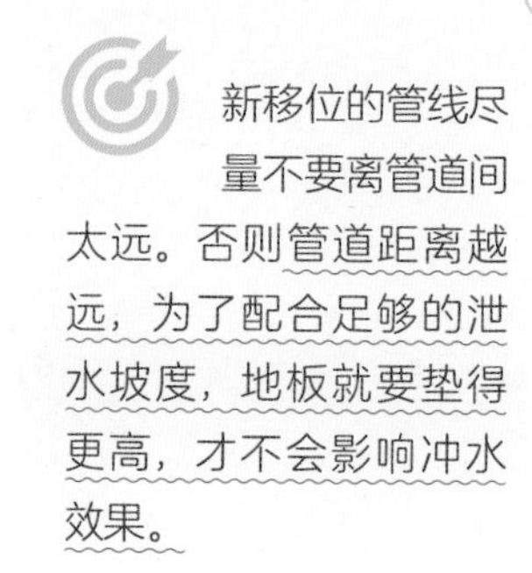

新移位的管线尽量不要离管道间太远。否则管道距离越远，为了配合足够的泄水坡度，地板就要垫得更高，才不会影响冲水效果。

这样移动粪管不出错

Step 1 粪管移位，转弯角度不宜过大

从排污是否顺畅来考虑，一般不建议马桶移动，如果非得移动，在5cm范围以内可以使用偏心管稍微移动位置，无须动管线。移动位置越小，堵塞的机会就越小，超过5cm就要重新调整排粪管。要注意粪管最好走直线，不要转弯。如果要转弯，避免90°垂直衔接，才能确保排水顺畅，否则就容易堵塞。

重新调整粪管位置，注意不要90°衔接管线。

Step 2 加高地面做足泄水坡度

如果马桶移动距离较长，就要加高厕所地面，以便做出粪管的泄水坡度。

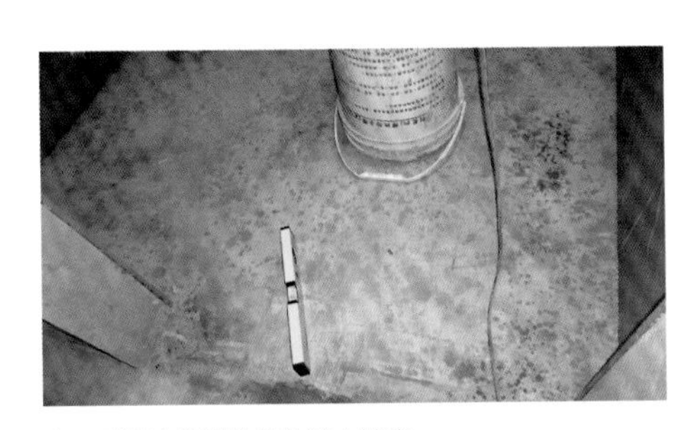

完工后再次测量地面的泄水坡度。

监工重点

检查时机

管线排列完、水泥砂浆未固定前，要先测试排水管的泄水坡度

- □ 1 用水平尺确认排水管是否达到一定的泄水坡度。
- □ 2 排水支管的角度不可以90°衔接。
- □ 3 厕所马桶移动距离不要太远。

我踩雷了吗？

事前没做试水，封墙就定生死！

换完管线，师傅好像没试水人就走了。结果等到完工后，楼下来反映天花板漏水，查明原因才发现是管线有缝隙没接好，发生爆管情况！

主任解惑

在上水泥砂浆之前，一定要做试水，以免管线爆开漏水，事后修补更困难

测试水压是水管工程施作完毕后一定要做的事情。因为管线没接好是漏水的主因之一，加压试水可以预防事后漏水的情况，建议至少要试一小时以上，若想更谨慎，建议测试一晚较为适当。测试时以加压机增压，确认管径和接头是否足以承受水压，经高压后不会造成漏水问题才可以进行之后的工程。

试水的隔天即可查看水压计的压力是否有降低。若有降低则代表管线有缝隙，使得空气外泄，同时也可发现某处一定有漏水的情况，再行修补即可。

这样试水不出错

Step 1 关闭水阀，出水口略微转松

将整个水阀关闭，各出水口略微转松，使管内的水先泄光。

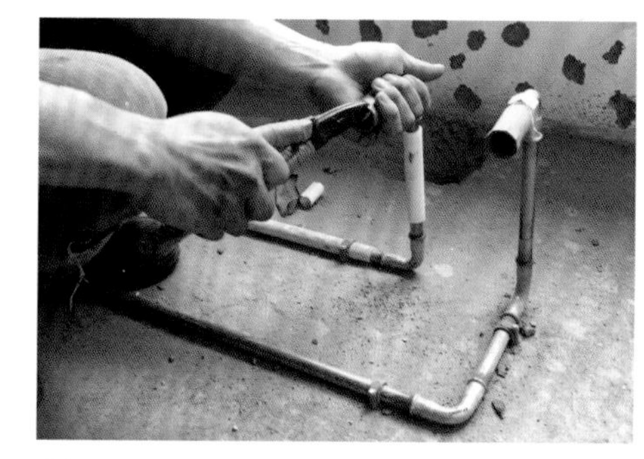

转松出水口，释放管内压力。

Step 2 水管相接，形成封闭系统

将冷、热水管的管线相接，形成一个封闭的系统，方便进行测试。

Step 3 连接机具，将管内空气排出

为了避免空气压力影响水压测试，利用机具将管内的空气排出，使测试更精准。

Step 4 打入水压，建议至少5kgf/cm^2（1kgf/cm^2≈9.8x10^{4}Pa）

打开水阀，以机具连接水管。打入水压，建议至少5kgf/cm^{2}的压力，并测试一小时。确认压力表指针指到5kgf/cm^{2}时，在表上做记号，方便之后确认。

打入水压，新房子建议水压试到5kgf/cm^2。

Step 5 试水一小时至一天后，巡视管线状况

为保险起见，建议试水最少一小时，最多可到一天。巡视时，先确认水压计是否有下降，接着确认地面是否潮湿，若有则表示管线仍有缝隙，需进行修复。

巡视每个区的管线漏水情况以及水压计的压力情况。

主任的魔鬼细节

优选 新旧水管相接就不建议试水，以免爆管！

水管最常漏水的地方是接口处，如果是老房子，只有部分换管，新旧水管相接就不建议试水压，旧水管部分可能因为无法承受压力而爆管。
若是全面换新水管，则一定要试水压，检查水管接头有没有漏水问题。一般用水的情况下，水管压力多为2kgf/cm²，在测试时，新房子以5kgf/cm²来测试，旧房子的水压建议降到3kgf/cm²即可。测试一个晚上压力表指数没有持续下降，地板没有湿，才可以封管。

老房子重换水管，在测试压力时，至少要做到3kgf/cm²以上较佳。

监工重点

检查时机

在泥作工程之前试水

- ☐ 1 必须在泥作封管前测试水压。
- ☐ 2 试水不可贪快，建议至少要一小时以上，若有时间，则一天最为保险。
- ☐ 3 新旧水管相接要特别检查水管接口。

我踩雷了吗?

动不动就打破管线，延误工程真麻烦！

安装木地板或洗手台等卫浴设备时，往往会因为下钉或钻洞的原因，不小心打到水管而漏水，不仅让装好的木地板泡汤了，又必须多花一段时间善后，重新补救水管，到底要怎么预防才好?

主任解惑

最好施工前提供管线路径的照片来比对

一般会先提供记录管线的照片或图纸或水电师傅提前做好标记，方便后续工程的施工，以免误打破水管。其实打破水管在现场施工来说是经常发生的事。一般来说，最有可能发生打破水管的工程是安装厨卫设备和木地板，因为在装设厨卫设备时会在墙面钻孔，而木地板则是会下钉，因此在施工前提供照片记录或图纸，能避免事后因打错位置而造成破坏。

若确定之后要铺木地板，有经验的水电师傅会和泥作师傅相互配合，水电师傅会先沿着管线加上束带，填上水泥后就能看清管线走位，避免下钉打破的问题。但要注意的是，这不是必做的程序，通常是有要求时才做。

原来这样施工不出错

Step 1 拍照确认管线位置

管线完成后，在未上水泥砂浆前，先拍照记录管线位置，方便事后比对。

拍照比对管线位置，避免失手打破水管。

监工重点

检查时机

水管封上水泥砂浆前

- □ 1 管线是否先用水泥砂浆或固定环固定，避免行走时踢到而移位。
- □ 2 随时记录管线位置，每一区都不要遗漏。

Step 2 管线缠绕束带，作为路径标记

为了防止木地板施工不慎打坏管线，在铺上水泥砂浆之前，可先用束带缠绕管线，做出管线路径的记号，提醒后续施工者小心注意。

加上束带，即使填上水泥砂浆也方便事后确认。

我踩雷了吗？

冷、热水管离太近，会影响出水温度？

到了施工现场，发现冷、热水管过弯时交叉，距离很近，网络上说这样会导致热水不够热，是真的吗？

主任解惑

是有可能会降低热水温度，建议冷、热水管最好要分开10cm左右

给水管可分成冷、热水管，冷水管在冬天时通常会很冰冷，一旦冷、热水管交叠，冷水管会影响热水管温度，可能会导致热水不够热。建议铺排时要保持适当距离（至少10cm左右），若太紧贴日后使用会相互影响。一旦真的要重叠，冷、热水管之间要用保温材隔离，才能有效维持温度。

冷水管若是用PVC材质，交叠时碰到热水管，冷水管寿命会大大减短，爆管概率也比较大，一定要谨慎选材。

这样接管不出错

Step 1 冷、热水管接管时注意间距

接管时，距离主干管越远，分支管的直径需相对缩小，以维持水压。冷、热水管之间保持适当距离，除了让温度不互相影响外，也方便日后维修。

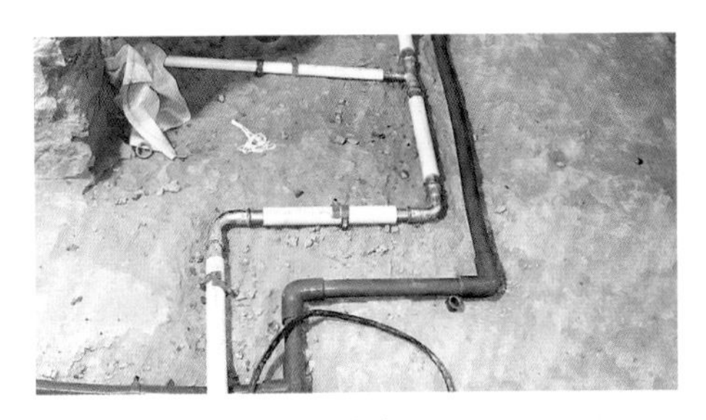

冷、热水管最好相距10cm左右。

冷、热水管若要交叠，一定要套上保温层。

Step 2 固定管线

管线用固定环固定，并以水泥砂浆定位，避免后续施工工人行走时踢到，导致管线移位。

地面的管线最容易在行走时踢到，确认做好泄水坡度和定位后，最好用水泥砂浆固定。

主任的魔鬼细节

优选 1 热水管要用不锈钢材质才安全

冷水管大多使用PVC管，若有预算可用不锈钢材质。但由于热水管需承受的温度较高，因此要选用不锈钢材质。另外，若使用PVC材质的冷水管，冷、热水管交叠处可能会因热度损坏，因此外面一定要包覆保温材隔离或安排管线时拉开距离，才不会发生爆管的情况。

⊕ 水管材质

	管材	材质选用
冷水管	PVC 管 不锈钢管	1. 生铁管：早期常用的材质，管材交接处会有锈蚀的问题，现在已不使用 2. PVC 管：为塑料材质，是常用材质之一。要注意与热水管交接处做好隔离 3. 不锈钢管、不锈钢压接管：两种皆为不锈钢材质，只是接管的方式不同
热水管	不锈钢管 外覆保温材的不锈钢管 不锈钢管	1. 铜管：早期常用的材质，会有锈蚀问题和铜绿问题 2. 不锈钢管、不锈钢压接管：两种皆为不锈钢材质，只是接管的方式不同。目前还有外覆保温材的不锈钢管，有效维持一定的水温，确保良好的用水品质
排水管		PVC 管：多使用1.5in（1in=2.54cm）、2in管径；有灰管和橘管之分，橘管较耐酸碱
污水用粪管		PVC 管：有橘管和灰管之分，橘管较耐酸碱，多用3.5in、4in管径

优选 2 注意接管是否到位

接管时，因不同材质而有不同的相接方式，在监工时要特别注意是否确实接对。

材质	PVC管	不锈钢压接管
图示		
监工注意	套管相接，注意管线是否确实套入	以机器压接。相接处会出现压接痕迹，可以此判断管线是否衔接到位

优选 3 室内增设总水阀，日后维修更方便

建议室内可增加总水阀，日后若水管有问题，在室内就可控制水管开关，不需要再到顶楼水塔处关闭。若是独栋式的建筑，每层各增设一个，发生问题就能一层一层检查，维修更方便。

当层增设水阀，缩短维修距离。

监工重点

检查时机

水电未退场前检查管线配置

- □ 1 冷水管可用PVC管或不锈钢管，但热水管务必要用不锈钢管，才不会有热塑软化的问题。
- □ 2 冷、热水管保持一定距离。
- □ 3 若冷、热水管必须交叠，管线之间要用保温材隔离。

Chapter 4

水泥砂浆比例不对，膨拱、漏水修不完

泥作工程

泥作属于基础工程部分，施作范围非常广，凡和水泥有关的工作都属于泥作工程的范畴，主要工作包括砌墙、门窗框填缝、粗坯打底、粉光、贴砖、防水等。由于水泥与水混合后会产生化学变化，进行水化后产生强度，因此泥作工程最重要的步骤就在水泥与砂的比例调配。

一般来说，基底完成后的粗坯打底水泥与砂比例为1：3，修饰表面的粉光比例为1：2，若比例不对，会造成墙面或地板的强度不够，或与面材无法有良好的接着，施作时必须小心谨慎。

协助审定／黄永宾

01 砌墙赶进度，墙面歪斜又漏水

Q1 砖墙没砌准，房间变歪斜！

Q2 砌红砖时留缝隙，这是偷工减料吗？

Q3 红砖浇水没先做防水，楼下天花板下小雨！

02 浴室防水没做好，积水壁癌一起来

Q4 防水只做一半，邻屋出壁癌！

Q5 泄水坡度没做好，浴室积水向外流！

专题 门槛不漏水的施工方式

03 铺砖没做万全规划，危险又不美观

Q6 明明是刚铺的新砖，怎么没多久就膨拱？

Q7 瓷砖局部重贴，结果全贴歪！

专题 卫浴地面架高的常见错误施工

01

砌墙赶进度，墙面歪斜又漏水

我踩雷了吗？

砖墙没砌准，房间变歪斜！

贴地砖时，发现墙面和地砖之间的距离越来越大，贴到后来离墙面竟然有3cm，师傅说是墙面砌歪了，房间变得不方正。是哪个环节出错了？这要怎么补救才好？

主任解惑

放样没抓对尺寸，才会把墙砌歪！

当平面图的格局要拉到实际工地放大施作时，要特别注意一开始的放样是否精准，一旦没算对尺寸或画线不直，就有可能发生砌歪的情况。一般来说，会用激光水平仪定位墙面的位置，算出尺寸后在地面弹线确认。

一旦发生墙面砌歪的情况，会导致地面的尺寸和图纸有些许误差，因此在铺设地面材料之前，建议重新测量一次，让工人可预先调整。

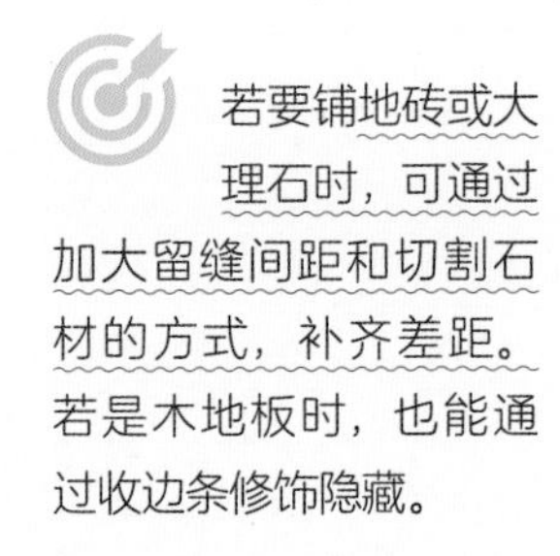

若要铺地砖或大理石时，可通过加大留缝间距和切割石材的方式，补齐差距。若是木地板时，也能通过收边条修饰隐藏。

这样砌砖不出错

Step 1 放样

在砌红砖墙之前，先按照施工图画线放样。运用激光水平仪抓出垂直线和水平线。

Step 2 拉垂直线和水平线

用棉绳拉水平线和垂直线，作为砌墙时的基准依据。砌墙的区域注意要先进行毛坯整理，一定要是基底层，再开始砌砖。

用棉线拉出墙面垂直线和水平线，才能精准定位墙面，不砌歪。

监工重点

检查时机

放样后、砌砖前确认尺寸

- ☐ 1 注意是否用激光水平仪放样。
- ☐ 2 弹线完成后确认放样尺寸。
- ☐ 3 地面要先整理好再砌砖。砌砖时要随时用激光水平仪确认墙面水平垂直度，发现不平直时应拆除重做。

我踩雷了吗?

砌红砖时留缝隙，这是偷工减料吗?

装修工程赶进度，泥作师傅砌红砖墙时水泥似乎没填实，这样施工品质可以吗？会不会影响墙面结构?

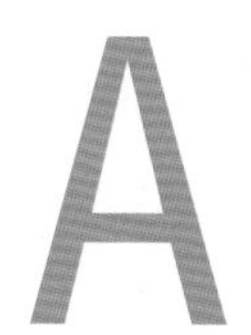

主任解惑

这种做法是正常的，留一点缝隙让砖墙可以更有接合力

泥作师傅在砌红砖时，没有填实砖与砖之间的水泥砂浆，甚至看起来好像是没有均匀就叠砖上去。事实上，这样的做法在砖墙砌完后，在砖墙表面进行粗坯打底时，能使水泥砂浆渗入砖与砖的缝隙中，水泥砂浆与砖墙交互结合产生更强的接合力，墙面会更稳固。但砖与砖之间的留缝也不能太大，以免影响墙面强度。

当进行粗坯打底完成后，水泥砂浆和砖墙之间会因为水化作用而逐渐紧密结合，后续施作才不会发生龟裂现象。

这样砌墙不出错

Step 1 砌砖前，要先将红砖淋水浸湿

红砖要充分吸饱水，最好要达到外干内饱的状态，才能在叠砖时避免吸走水泥砂浆的水分，否则会影响水化而降低墙面强度。

红砖吸饱水，才不会影响墙面强度。

Step 2 砌砖高度一次不超过1.2～1.5m

砌砖高度每日不超过1.2～1.5m，等水泥砂浆干后再继续施作，以确保墙体的稳定性。通常会分2次完成，但如果施工范围不大，当天就可砌完。可以在水泥砂浆内加入海菜粉增加黏性及提高干燥速度。

至顶高墙建议分2次砌完，确保墙体更稳固。

Step 3 以正确比例的水泥砂浆进行粗底和粉光

砖墙砌完后先喷水，再粗坯打底。粗坯水泥砂浆的调配比例为（水泥：砂）1：3，2~3天后再以（水泥：砂）1：2的比例做粉光细修表面。这两种水泥砂浆比例不同，要注意比例必须正确，才能起好的水化作用。如果墙面要贴砖，可省略粉光的步骤，粗坯打底后就可以继续贴瓷砖工程。

⊕ 墙面铺砖的工序

砌砖墙 → 粗底 → 贴瓷砖

⊕ 墙面油漆的工序

砌砖墙 → 粗底 → 粉光 → 油漆

进行粗底。

若墙面要上漆，粗底后要加上粉光的步骤。

主任的魔鬼细节

优选 1 新旧墙交接需特别注意接合，以免产生裂缝甚至倒塌

在砌新墙时，常常会遇到与墙面交接的情况，必须让新旧墙之间产生抓力。一旦没有做好接合，地震过后就可能会在新旧墙交接处产生裂痕，如遇强级地震就可能会发生倒塌。

优选 2 砖墙与砖墙，用交丁交错

新砖墙和旧砖墙之间接合时，可用交丁处理。也就是两面墙的接合处不要平整，如卡榫般接合交错，借由互相交接加强彼此抓力，增加墙面结构强度。

新旧墙之间要交错接合。

优选 3 砖墙与RC墙，用自攻螺丝或钢筋加强抓力

RC墙本身较为坚硬，因此运用植筋或打入自攻螺丝的方式，让新旧墙之间产生接点，通过水泥砂浆凝固，使墙面之间互有抓力。

当砖墙与RC面相接时，可植筋或打入自攻螺丝产生接合。

监工重点

检查时机

砌砖墙时检查

- □ 1 检查水泥制造日期和砂的品质。
- □ 2 砌作前红砖要充分浸水，需达到外干内饱的状态。
- □ 3 粗坯层及粉光层的水泥与砂调配比例要正确。

我踩雷了吗?

红砖浇水没先做防水，楼下天花板下小雨！

进行砌砖工程时，楼下邻居反映天花板发生漏水，但明明没用水怎么会出问题?

主任解惑

砌砖前地面要先做好防水，以防水渗漏到楼下

在砌砖工序中，有一个步骤是需要先帮红砖浇水，这时就会用到水。因此事前需要规划好放砖的位置，红砖下方要加上防水布或夹板，再谨慎一点，可先在放砖的区域涂上防水层。在浇水的时候多一层防护才不会有问题发生。

虽然红砖吸水的速度很快，但渗水的情况还是很难预防，事前必须做好防水准备才能万无一失。

这样防水不出错

Step 1 留出放砖的区域

规划红砖的放置区域，若砖墙施作的面积较大时，相对需要更大的区域。另外，一般来说会寻找方便用水和作业动线较短的区域。若局部原有地砖未拆除，也可直接放在地砖上，比放在毛坯地面多一层防护。

Step 2 先涂上防水层再放砖

地面铺设防水布或夹板，再放置红砖。若地面需要拆除瓷砖，露出基底层，则可涂上防水涂料后再加上防水布或夹板，加强防水。

红砖下方记得多一层防护或直接放在原有地砖上，避免渗水到楼下。

监工重点

检查时机

砌砖墙时检查

- ☐ 1 摆放红砖的区域要先做好防水。
- ☐ 2 留出适当位置摆放红砖，选择动线方便拿取的区域。

02

浴室防水没做好，积水壁癌一起来

我踩雷了吗？

防水只做一半，邻屋出壁癌！

泥作师傅在做淋浴间墙面防水时只涂半高，跟我说上面不会喷到水，贴上瓷砖就可以防水，结果过了一年，邻屋就发现油漆脱落有壁癌，是被糊弄了吗？

主任解惑

防水建议做完善，最好涂到超过天花板才有效

卫浴淋浴间洗澡使用淋浴花洒时，很难控制水喷洒淋湿的范围，而且热水的水蒸气会向上蹿升，上方墙壁也会因此受潮，因此建议淋浴间墙面可以扩大防水范围，从地板涂到天花板之上。例如加上天花板后高度为2.1m，防水层可以向上涂到2.2m左右，超过天花板的高度较好。另外，瓷砖虽然是防水材质，但难免会因地震产生裂痕，而且瓷砖背面益胶泥未必会全面涂满，水就很容易从这些裂痕、沟缝渗入，然后产生壁癌。

先做好壁面，再做地面防水。不要小看水汽的渗透力，因为毛细孔虹吸现象，卫浴的浴缸区和淋浴区建议都要将防水层拉高，以防万一。

这样防水不出错

Step 1 粗坯打底后，涂上稀释过的弹性水泥

粗坯打底后，涂上第一层防水，使用稀释过的弹性水泥，这是因为弹性水泥本身较稠密，稀释过后才能有效渗入墙内，封住水路。

Step 2 涂上两层弹性水泥较保险

等第一层干燥后再涂第二次的弹性水泥，建议施作两层防水效果较好。

Step 3 容易积水的阴角以不织布加强

做完壁面防水后，接着施作地面，重复Step1和Step2的工序。要注意的是，淋浴间接触水的机会多，墙面除了涂弹性水泥防水之外，在容易积水的阴角位置可以再放上不织布（玻璃纤维），加强角落防水效果。

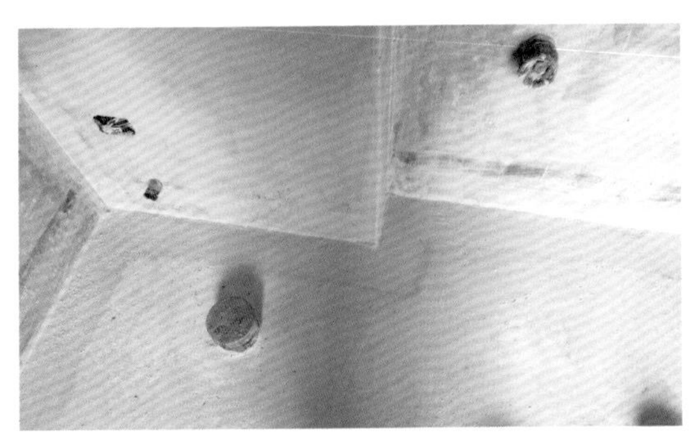

淋浴区容易积水，角落处加上不织布能加强弹性水泥的强度，不容易发生裂痕，可避免水从裂痕处渗入。

监工重点

检查时机

浴室打完粗底后施作

- □ 1 防水层要满涂墙面，甚至高出天花板。
- □ 2 防水层至少要充分涂两道。每次涂防水层要等前一次干燥后再涂下一层。
- □ 3 做完壁面后，再做地面防水。淋浴区的地面四角建议加上不织布。

名词小百科

弹性水泥

弹性水泥是一种以高分子共聚合乳化剂与水泥系骨材混合而成的水泥材料，有极佳的耐候性、耐水性，还有优越的弹性，施作完成后会形成防水保护层，能够有很好的阻水功效。

我踩雷了吗?

泄水坡度没做好，浴室积水向外流!

每次清洗浴室地板，角落总是会积一摊水，还要用地板刷扫向排水孔，不仅如此，卫浴门口外面的木地板也黑掉了，是因为积水造成的吗？好崩溃！

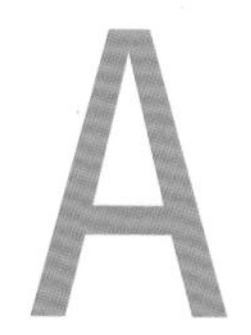

主任解惑

门槛和地面都没做好泄水坡度，重新施作才能治本

现在大部分的浴室都有干湿分离的设计，相较于淋浴间及浴缸的湿区，干区虽然接触水的机会比较少，但使用洗脸盆或者冲洗地板时仍需要注意排水，而浴室地板积水常见的原因就是泄水坡度没做好，导致水积聚在凹处。因此在施作浴室地板时，以排水口处为最低点，请泥作师傅抓好泄水坡度，导引水流。另外，越靠近门槛时，地面必须顺势向上高起，不能做成水平，以免水流流向门口，波及浴室外的空间。

除了可做泄水坡之外，更细致的做法可于墙面边缘涂水泥砂浆时，角度可以往上翘一点再顺下来，使角落较不容易存水。

这样做泄水不出错

Step 1 地面制作泄水坡

以地面排水孔为最低点，在结构底层用加入稀释弹性水泥的混凝土做出泄水坡度，以导引水流，倾斜坡度从最边缘四面八方流到落水头。要注意的是，干湿两区若有两个排水孔，必须分别施作两个区的泄水坡度。

Step 2 拉出门槛高度，以防水淹过门口

当地面的混凝土施作到卫浴门口时，必须注意需向上拉起，做出门槛高度，宛如堤防般有效堵水。同样，为了避免淋浴区的水流到马桶、洗手台等干区，也需在湿区边缘拉高。

施作地面的混凝土时，越往门口处，斜度相对要拉高。

在干湿两区的分界处拉出斜度，尽量不让水流入干区。

Step 3 环绕排水孔，四周以水平尺测试泄水坡

等粗坯打底完全干燥后，放置水平仪看倾斜方向。检测时，从门口和四周墙面开始，沿排水孔四周放射状测试，确认四面八方都有做到泄水坡度。或者可以试水，看水是否往地面排水口方向流。

要注意的是，务必在粗坯打底后就先测好泄水坡度，上了防水层后要重新施作泄水坡度，就需重新施作防水层了。

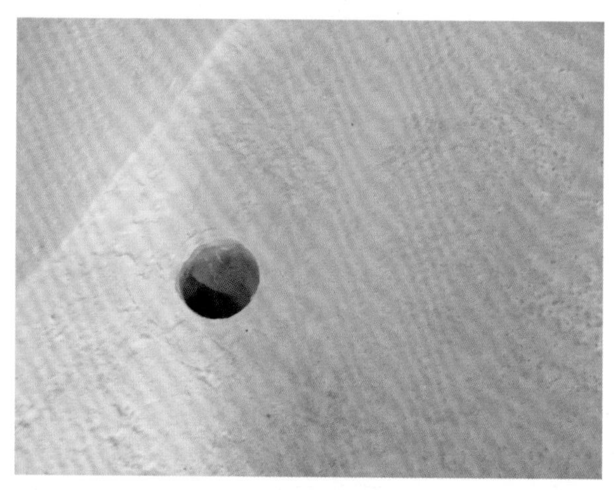

防水涂料除了涂在排水口外四周，最好一路涂进管壁内侧，避免水流进入管线周围地面。

Step 4 涂上两层防水

地板涂上弹性水泥施作防水层，而管线周围也要记得涂防水材，卫浴角落处铺设不织布加强。为了加强防水，要涂上两层防水。

必须从四周墙面开始，环绕排水孔测试。

Step 5 铺设地砖，做落水头

确认浴室防水没问题后，以软底湿式工法贴覆地砖。贴地砖时要注意朝向落水头的方向倾斜，越大片的瓷砖越容易不平，小尺寸瓷砖较容易抓泄水坡度，也不容易积水。最后再安装集水槽或落水头，排水孔周围的瓷砖用水泥砂浆填缝，防止水渗入。

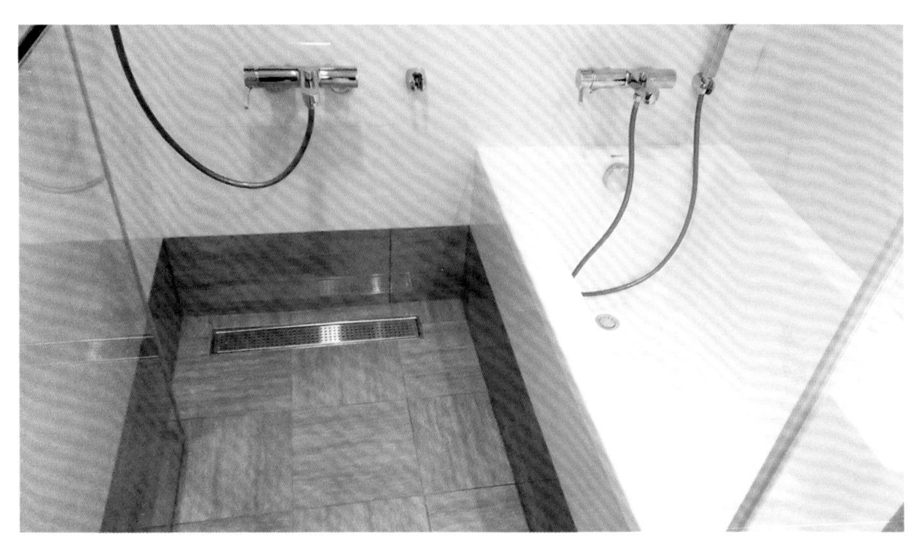

装设落水头，再用水泥砂浆填缝，强化防水。

监工重点

检查时机

粗坯打底施作完成后，待完全干后检查泄水坡度

- □ 1 粗坯打底干后放水平仪检查泄水坡。
- □ 2 注意排水孔周围是否涂了防水材。
- □ 3 地砖铺设时，泄水坡度要朝向排水孔。

门槛不漏水的施工方式

卫浴门槛向来是施作的一大重点，往往在这里最容易发生漏水，除了要做好泄水坡度之外，也要注意与门槛交接的地面材质高度，以免水淹过门槛。另外，木作门框下缘也会与门槛相接，一旦有渗水情况，门框下缘通常也会损坏，因此必须提前做好防护对策。

Point 1 ▶ 卫浴门口需加做水泥墩，避免水流入室内

卫浴空间最怕水向外流，因此在施作时门口处需加做水泥墩，有如堤防般堵水，而因浴室外相接的地板材质不同，防水做法有不同的加强。

⊕ 铺设抛光石英砖、大理石地板的情况

浴室外铺设抛光石英砖和大理石时，需施作水泥墩，若铺设瓷砖，则门口处稍微拉高水泥砂浆即可。

浴室　浴室外
大理石门槛　抛光石英砖、大理石
水泥墩　1：3水泥砂浆

⊕ 铺设瓷砖的情况

浴室　浴室外
大理石门槛　瓷砖
水泥砂浆稍微拉高，做出弧度

⊕ 铺设木地板的情况

浴室外铺设木地板时，建议铺设Π字形的门槛，可有效阻隔水泥墩和木地板的接触，避免水汽经由水泥墩散至外部。

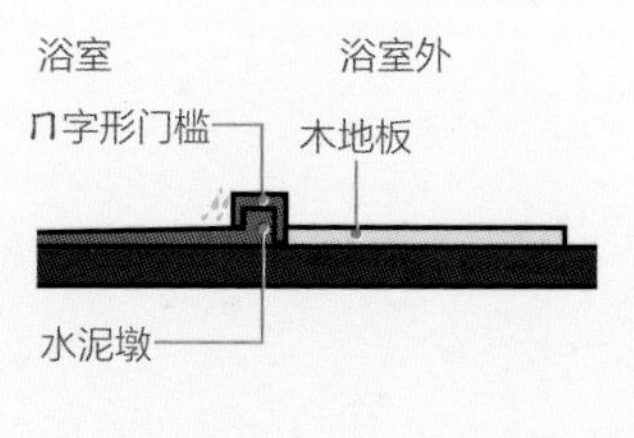

Π字形门槛有效阻隔水汽，避免其扩散至地板。

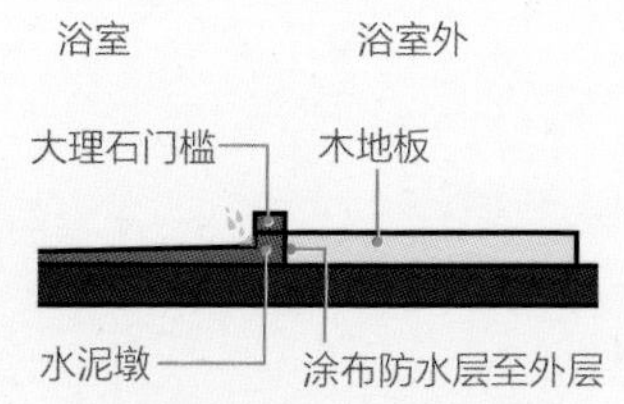

无Π字形门槛，则木地板和水泥墩的相接面要涂上防水层。

截短门框下缘，不碰到浴室地面，再以硅利康填缝。

Point 2 ▶ 门框下缘建议不碰到浴室地面

当卫浴门框采用木作时，门框下缘会与门槛接触。一旦发生漏水的情况，水会经由毛细孔的虹吸作用渗透到木门框中，导致腐烂或损坏。因此在施作时，建议稍微截短门框下缘，再以硅利康填缝。

锯断门框下方，塞新门槛。

Point 3 ▶ 渗水的木作门框修复对策

若门框发生损坏和腐烂的情况，更换时势必要经过拆除、泥作的修补，花费相对较高。若想要稍微节省经费，轻微损坏情况下，可锯断下方门框后，再塞入新门槛来断水路。

03

铺砖没做万全规划，危险又不美观

我踩雷了吗?

明明是刚铺的新砖，怎么没多久就膨拱?

客厅抛光石英砖才铺半年多，竟然就膨拱了5、6块，为什么会这样？要怎么修复处理才好?

膨拱瓷砖的修复对策

轻微膨拱，打针补满

膨拱面积不大，可不用拆除地砖，从缝隙处打针，补满瓷砖内部空洞。

严重膨拱，打掉重来

膨拱面积大，四周的瓷砖内部都有空心，建议全部拆除重铺最安心。

主任解惑

可能是水泥砂比例不对、漏水造成的，要拆除重铺才行

造成瓷砖地板膨拱有很多原因，包括水泥砂浆比例不对使水泥水化不完全、水管漏水渗入瓷砖、天气因素（冷热变化太大）、地震等，在修补地砖前要先处理膨拱问题，如果是漏水造成的，一定要先解决漏水问题，否则之后其他区域都有膨拱的可能。打底的水泥、砂、水调和的比例很重要，要调和正确才能有效粘牢瓷砖，若凿开地面发现是水泥砂比例不对造成的，就要拆除全部地砖，重新打底施作才能一劳永逸。一般铺设瓷砖工法分为硬底施工和软底施工，铺设抛光石英砖用半湿式软底，较容易抓好每片瓷砖的平整度。

在施工时，可确认水泥和砂的调配比例是否正确以及是否搅拌均匀，并在铺好砖的同时敲打砖面，确认有无空心。

拆除瓷砖，打到见底。

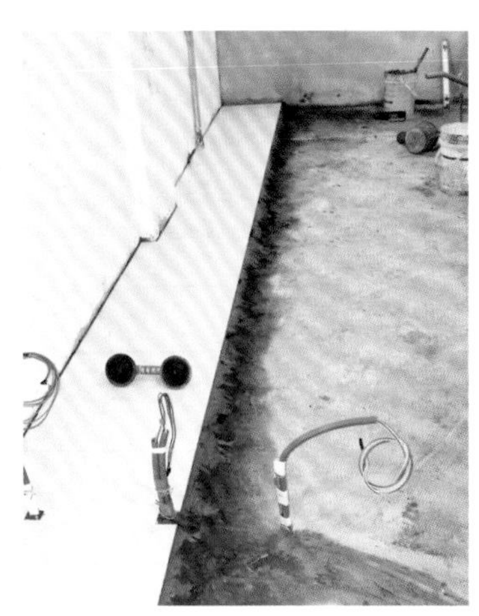
铺上水泥砂重贴。

这样铺抛光石英砖才对

Step 1 调配1：3的水泥砂，打底镘平

水泥和砂的比例要正确精准，为（水泥：砂）1：3，且拌匀才能有效贴牢。毛坯地面整理后上土膏水，铺上水泥砂，再以刮尺打底抹平，通常打底厚度为3～5cm。

Step 2 撒上土膏水，地面贴砖

水泥砂铺好后要再上一层土膏水，铺上抛光石英砖。贴上后使用橡皮槌敲打，目的在于让瓷砖能与底部的水泥砂更密实，同时也可调整地面高度。注意贴砖时要留伸缩缝，以便留下日后热胀冷缩的空间。

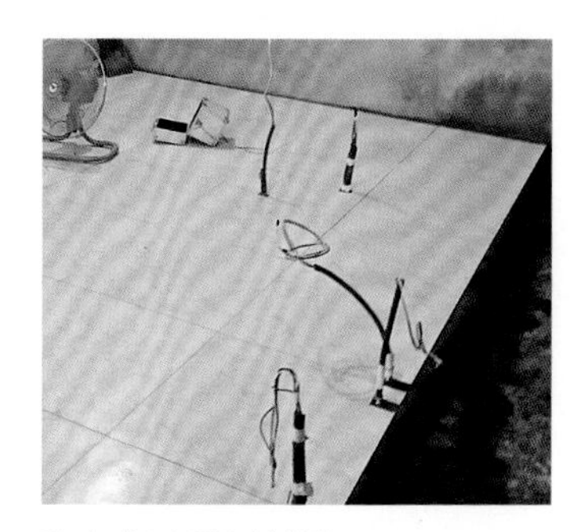

贴砖时注意要留伸缩缝。

Step 3 过24小时后填缝

由于刚铺好时，水泥砂浆中仍有水分，必须先等水汽散发后再进行填缝，建议至少需24小时。否则出不来的水汽会转而渗入瓷砖内部，造成瓷砖表面雾化或白华的现象。目前常见的填缝剂有水泥、树脂等，有些直接搅拌均匀即可使用，有些则需加水调和，无论选择哪一种材质，都应先确定填缝剂的色调再施工，否则日后修改会很困难。填缝时将填缝剂以橡皮抹刀填满瓷砖缝隙，抹缝完成后再用海绵蘸水将瓷砖表面清洁干净。

等待一天后水汽散去，再进行填缝。

主任的魔鬼细节

优选 1 水泥砂要拌匀，避免膨拱

半湿式软底施工的水泥砂通常容易发生搅拌不均匀的情况，一旦水泥砂没有拌匀，瓷砖膨拱的概率就会比较高。瓷砖贴好后，建议至少要隔24小时再进行填缝，让水泥里的水汽散发出来，如果可以，能间隔48小时最好。

优选 2 注意水泥和砂的品质

要注意砂的品质，检查砂是否干净。另外，水泥放久了会吸收水汽，建议最好选制造日期三个月内的。

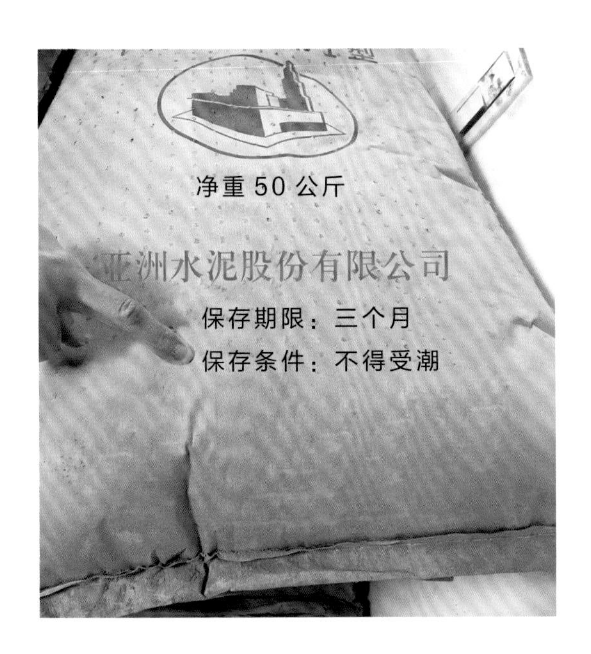

监工重点

检查时机

铺砖前检查材料，铺砖后敲砖确认

- □ 1 确认水泥制造日期、砂的品质好坏。
- □ 2 打底水泥砂比例要正确。
- □ 3 表面有无高低落差或是水平没抓好。

我踩雷了吗？

瓷砖局部重贴，结果全贴歪！

浴室拆除浴缸后，下半面瓷砖全拆除，泥作师傅说因为没有说要对缝，加上有部分墙面没拆，师傅就从顺手的方向开始贴砖，结果瓷砖完全没有对线，浴室变得很丑，真的欲哭无泪。

主任解惑

瓷砖重贴无法完全对缝，用设计转移焦点

室内做局部装修，尤其是浴室，经常会遇到新旧瓷砖接缝对不齐的问题，除非使用同一厂家同款瓷砖，否则通常瓷砖尺寸多少都会有误差，例如同样是30cm×30cm的瓷砖，A厂家和B厂家可能会有0.2cm的差距，即使差距很小，也会导致贴到最后误差就越来越大。最好的方法是改变瓷砖的贴法，干脆利用设计手法解决，与旧瓷砖完全不要对缝。

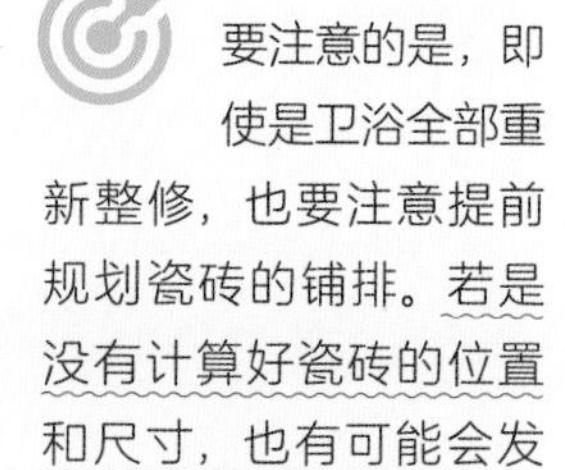

这样修复不出错

Step 1 拆除旧瓷砖，打底防水

整修旧墙时，先拆除旧瓷砖，再贴新瓷砖。再以1：3 的水泥、干砂的比例调和，进行粗坯打底整平地面及墙面，并施作防水层。注意卫浴地面一定要做泄水坡度。

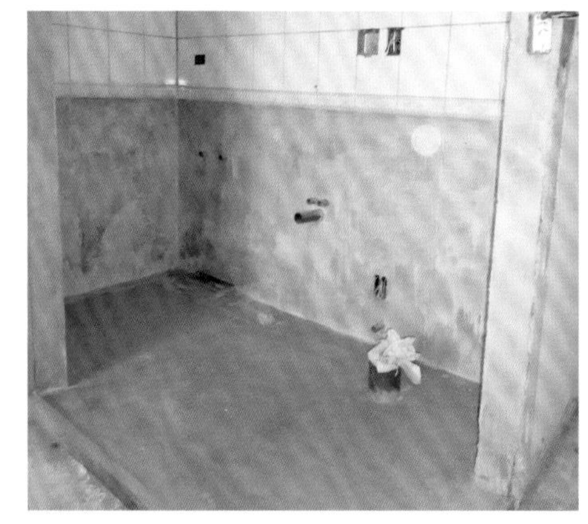

一旦拆除瓷砖，原有的防水层会失效，必须重做打底和防水。

Step 2 拟定瓷砖铺排计划，加上腰带或菱形贴法转移对缝问题

贴新瓷砖前先放样，依据选择的瓷砖尺寸、样式设计瓷砖铺排，可以加上腰带设计或者菱形贴法，让墙面一分为二，让视觉富有变化，还能避免与旧瓷砖的对缝问题。

贴上腰带，错开对缝。

主任的魔鬼细节

优选 1 卫浴墙面瓷砖建议尽量不用馒头贴法

贴浴室壁砖的方式，早期有使用馒头贴法，这是用水泥砂浆抹成一坨坨贴在壁砖背面，再贴覆至墙面。这样的方式会让瓷砖和墙面之间留有空隙，水汽往往就会留在这些空隙中，导致墙的另一面发生壁癌的问题。因此，建议以益胶泥刮成条纹状再贴覆较佳。

馒头贴法会留出空隙，导致水汽渗入。

优选 2 卫浴地砖不建议以益胶泥贴覆，否则底部会存水

浴室贴壁砖和地砖工法不同，贴壁砖时会使用益胶泥作为胶黏剂，由于益胶泥是添加树脂成分的瓷砖胶黏剂，有不错的防渗水、抗裂作用。但地砖部分就不建议使用益胶泥了，因为地面较容易接触到水，一旦瓷砖有裂缝，水分渗入，益胶泥会造成存水的情况，可能就会产生漏水问题。

监工重点

检查时机

贴覆墙面和地面瓷砖时检查

- □ 1 选定瓷砖后应有贴瓷砖计划。
- □ 2 贴瓷砖前要依设计图放样。
- □ 3 马赛克砖预先排列，避免尺寸太小，否则不容易切割对齐。

卫浴地面架高的常见错误施工

当卫浴马桶移位时，除了拉管线之外，地面也应额外架高，而架高地面使用的材质就要特别注意，要是没做好，有可能让地面内部产生缝隙，最后产生漏水问题。

可看到架高地板的内部是以旧砖废料堆砌而成，与管线之间易产生缝隙。

Point 1 ▶ 避免使用拆除过的不规则的旧砖，易产生缝隙

架高卫浴地板时，有时会看到师傅为了省事，直接拿拆除的旧砖堆叠出高度，再以水泥砂浆水化硬固，砖头与水泥砂浆之间无法完全密合。一旦发生地震，就容易与管线拉扯而产生缝隙。因此，一般来说，多使用碎石和水泥砂浆混合施作，如同施作RC混凝土一样，经过搅拌使其结构密实，减少缝隙的产生。

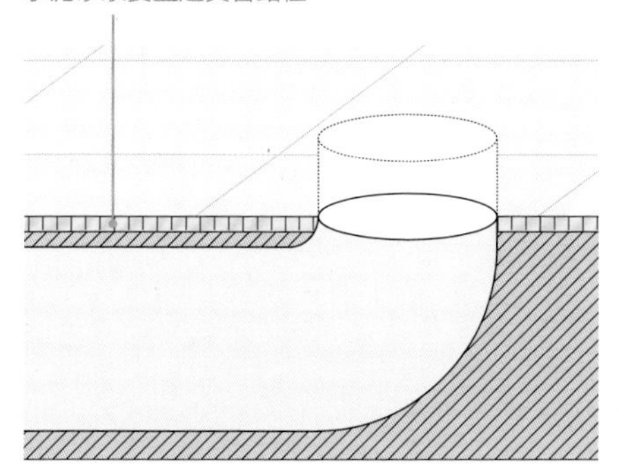

Point 2 ▶ 架高地面需盖过粪管路径

地面施作的高度必须要注意高过粪管路径，粪管出口再切齐，这样才能有效确保管线不渗水。

Chapter 5

水平、水路没做好，门窗渗水又歪斜

铝窗工程

门窗是阻挡风雨的重要界面之一，需能承受风压、隔绝水路和噪声，因此施工时需特别注重防水和结构强度。以铝窗工程来说，主要有两种安装方式，即湿式施工法和干式施工法。湿式施工法使用水泥砂浆固定窗框，整体结构稳定，施工期较长，防水、气密及隔音效果较好。干式施工法是直接将新窗框包覆在旧窗框上，施工时间较短，对居住者而言较为简便。

无论是湿式还是干式施工，重要的是安装时都要确认外框的水平和垂直，一旦歪斜，内框也会跟着倾斜，从而影响窗体的气密性、水密性和隔音等效果。另外，也要注意窗框与墙面、新窗与旧窗之间的间隙需填补完全，避免缝隙造成渗水问题。

协助审定 / 义兴铝窗

01 安装不仔细，窗户漏风又渗水

Q1 刚装新窗没多久，窗户就推不动！
Q2 水路没塞好，日后渗水不断！
Q3 旧窗不拆套新窗，所有窗户都可以这么做吗？
Q4 没做好保护，落地窗压坏又重装！

01

安装不仔细，窗户漏风又渗水

我踩雷了吗？

刚装新窗没多久，窗户就推不动！

刚换新窗没三个月，就发现窗户较难推动，为什么会这样？要如何挽救？

主任解惑

可能是窗框变形，窗户无法水平开关

窗户推不动，主要原因是窗框变形。导致窗户歪斜的原因有很多，可能是在一开始安装窗框时，水平没有拉好，不够准确，外框一歪斜，内框窗扇自然无法完全密合。另外，安装窗框时，固定螺丝的距离不均等，使得窗框受力分配不均，也可能是窗框底板较薄，承受四周水泥的重压后变形，造成歪斜情况。除了人为因素外，也要注意地震会造成墙面拉扯挤压产生裂缝或推挤变形，让窗扇无法顺利推拉或开合。

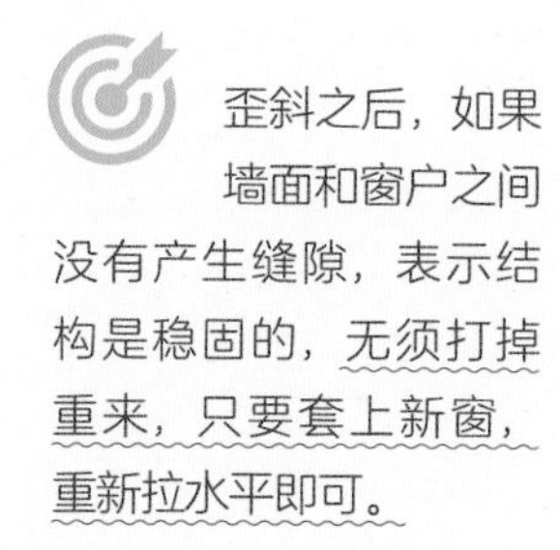

歪斜之后，如果墙面和窗户之间没有产生缝隙，表示结构是稳固的，无须打掉重来，只要套上新窗，重新拉水平即可。

这样施工不出错

Step 1 立窗框，以激光水平仪确认是否垂直和水平

安装前，先到现场测量窗扇尺寸，以便下料。立窗框时要以激光水平仪确认外框水平、垂直和进出线，并加上不锈钢的水平调整器，使窗体维持水平，避免歪斜。

用激光水平仪或水平尺确认框体的垂直、水平和进出深度。

放入不锈钢水平调整器，保持窗体水平。

Step 2 打入不锈钢钉子固定窗框，钢钉的间距要均等

窗框打入钉子至结构体，使外框固定。要注意的是钉子的间距要均等，避免受力不均的问题。另外，钉子最好选用不锈钢材质，以防生锈后与水泥砂浆产生缝隙，导致漏水。

窗框拉好水平后，以不锈钢钉子固定。

监工重点

检查时机

立框完成后还未塞上水泥砂浆之前

- □ 1 立框后以水平尺确认窗框的垂直和水平。
- □ 2 确认窗框是否固定，注意钉子的间距。
- □ 3 固定用的钉子以不锈钢材质较好。

我踩雷了吗？

水路没塞好，日后渗水不断！

装了新窗没多久，就发现窗边有水渗进来，仔细检查发现窗框上缘的水泥似乎没补满，造成渗水漏洞！

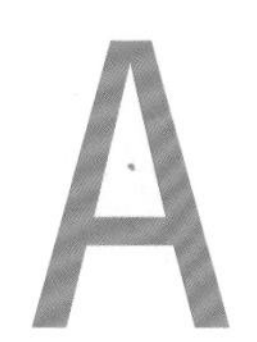

主任解惑

可能是水路没填满以及沟槽不够深，硅利康才会脱落

塞水路操作是在窗框和墙面之间的缝隙灌注水泥砂浆固定，打入水泥砂浆后等完全干燥，在窗框与水泥的接合处填上硅利康加强防水。由于打入水泥时需等待一段时间下沉，如果赶工一下子打太快，水泥还来不及下沉又再打第二次，就有可能产生缝隙。另外，若水泥砂浆打太多，干硬后膨胀，会挤压到窗框而使其变歪斜。因此塞水路若没做好，就有可能发生窗户漏水的情况。

另外，要注意的是要事先协商好由铝窗或泥作工班施作塞水路，否则铝窗师傅装完就走，而泥作师傅也会以为是铝窗工程来做。

若想要解决渗水问题，必须重新补实水路。敲除窗框边缘的部分水泥区块，打入水泥砂浆填满，再补上硅利康。

这样施工不出错

Step 1 塞水路前清除杂物，避免日后渗水

有些师傅在立窗时会利用木块作为外框的垫料，暂时固定外框，维持水平。但全面塞水路前务必要先清除木块，以免日后腐烂后内部形成空洞，造成漏水。另外，目前安装外框还可使用不锈钢水平调整器取代木块，既能维持水平，又无须拿出，包覆在水泥砂浆里也不会生锈，非常方便。

立框时会以木头作为垫料，以维持窗体不移动，全面塞水路前要记得清除木块，避免日后木块在内部腐烂。

Step 2 调和水泥砂浆后塞水路，需施打确实

沿着窗框侧边与结构体的缝隙打入水泥砂浆，由于水泥砂浆为流体，过一段时间下沉后再持续打入，必须完全填补缝隙。由于需等水泥砂浆下沉的时间，不可贪快赶工，否则水泥未完全下沉，打得不够密实会造成缝隙，水就容易渗透进去。

从窗框四角开始注入水泥砂浆。

Step 3 等待水泥养护，填补硅利康防水

窗框填完水泥砂浆后，外框和结构体之间应留约1cm深度的沟槽，让硅利康可以填入，才能与外框紧密结合，否则沟槽太浅，硅利康容易脱落。等待水泥干燥，水汽散出后，再涂防水涂料做出防水层。

塞完水路后，要刮出1cm深的沟槽，后续硅利康才打得进去且不脱落。

Step 4 填入硅利康，加强防水

防水层干燥后，窗户四周打入硅利康。建议在窗户下缘的硅利康顺着窗台斜度拉斜做出泄水坡，避免雨水停留。

在窗户四周打入硅利康，加强防水。

主任的魔鬼细节

优选 测量新窗尺寸时，窗户与窗洞结构之间需预留1cm用来塞水路

当拆除窗户后，铝窗师傅来测量新窗尺寸时，必须注意窗户与窗洞之间以及四边最好都留出1cm的距离，这样塞水路时才有足够的操作空间。另外，若有并排的窗户，为了要让窗户看起来整齐，不会一上一下的，在测量尺寸时，建议要让每一扇窗户上下的水平高度必须一致，窗户才会整齐美观。

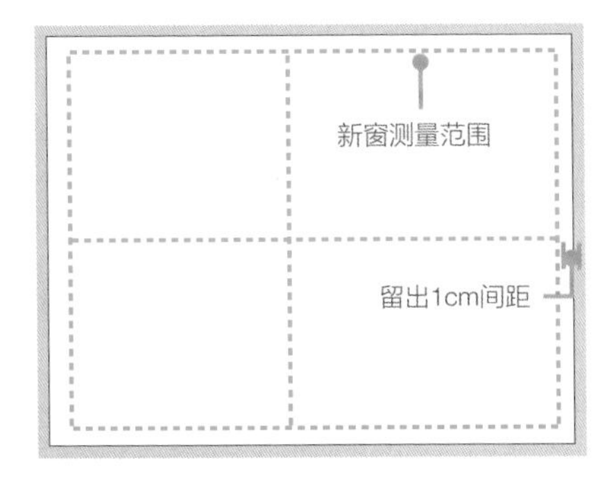

有时拆除窗户后，窗洞结构会不齐，因此测量尺寸时不只要量两边，也要确认窗洞中央的垂直高度和水平尺寸，抓出精准尺寸。

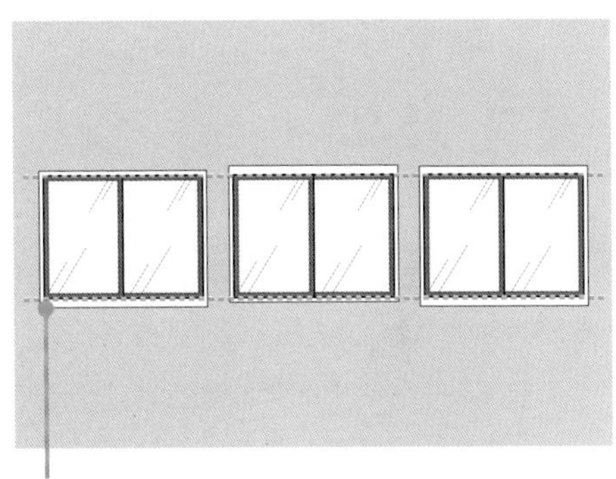

若并排窗户的开孔高度不同，测量新窗尺寸时，就必须预先设想完成后的窗户上下水平要拉到相同，尺寸就需计算精准。

监工重点

检查时机

泥作师傅在以水泥砂浆塞水路时，施作时就要随时确认是否填实

- ☐ 1 立框安装完成后，要尽快塞水路确保水平。
- ☐ 2 立窗框后水泥砂浆依序注入，完全填满。
- ☐ 3 窗框四周最少要留1cm的缝隙，完全填入硅利康防水。

我踩雷了吗？

旧窗不拆套新窗，所有窗户都可以这么做吗？

因为居住在闹市区，车辆来往很吵，最近想换装隔音窗，可是传统的水泥安装法施工价格高，有师傅建议直接包框的方法，这样适合吗？

主任解惑

要先评估旧窗本身有无漏水问题，若无才可套窗施作

若不想大动工程更换窗户的情况下，要先评估本身窗户的条件。若雨天时会从窗户渗水，要注意漏水源头如果是在墙面和窗户之间的缝隙，即使套窗，缝隙仍然没解决，像这样的情况就必须拆除窗户重装。若是窗户与墙面的结构是紧密的，是窗户本身条件不佳，例如硅利康脱落、窗户老旧的情况，才能施作套窗。

一旦施作套窗，四周窗框的铝料厚度会加宽，玻璃的面积相对减少，也变相减少看到的风景，在施作前要特别告知房主。

这样施工不出错

Step 1 安装新框，调整水平

以水平尺或激光水平仪调整水平，并将新窗框包覆在旧框外。

Step 2 嵌入玻璃，打硅利康，填补沟槽缝隙

将玻璃套入玻璃沟槽内，再进行窗框内框结合。在内框内外的玻璃沟槽打入硅利康填补缝隙。要注意的是若玻璃沟槽缝隙太小，硅利康会吃深不够，事后容易脱落、走风，甚至会产生热桥效应。

嵌入玻璃后，在玻璃沟槽打上硅利康。

Step 3 调整五金

安装完内框后，调整两侧滚轮，使其水平达到一致，否则开合时会磨到轨道，也影响内外窗框的密合性。同时确认止风块是否装好，若止风块没调对位置，容易出现风切声。

监工重点

检查时机

进行套窗工程时

- □ 1 安装新框时要注意垂直和水平是否精确。
- □ 2 嵌入玻璃后，注意硅利康是否有填补完全。
- □ 3 安装完后，确认窗扇关闭时是否有风切声，若有则要调整五金。

名词小百科

热桥效应

当太阳照射时，玻璃跟铝框的间隙若是太小，打入的硅利康无法隔绝热能，而是像桥梁一样，将铝框的温度直接传导到玻璃上，室外温度因而传导进室内，从而使室内升温。

我踩雷了吗?

没做好保护，落地窗压坏又重装!

完工验收时，发现重新装好的落地窗关不起来，检查后才发现下方底板有凹痕，仔细一问才知道可能是完工没做好保护，机具进出压坏了，结果又要重装!

主任解惑

若落地窗位于施工路线的出入口，一定要特别加强底板的保护

由于施工期间的进出会十分频繁，若施工路线上有落地窗，不论是有无换新窗的情况，除了窗框四周的保护之外，要特别注意窗框底板需以厚材加强，否则人和机具进出时都有可能会踩踏重压，下方底板就容易损坏。

一旦外框压坏，建议直接拆除重装。

这样施工不出错

Step 1 落地窗外框拉好水平，以电焊固定

立框时要以激光水平仪确认外框水平、垂直和进出线。由于落地窗面积较大，本身受风压较强，为了加强窗体结构，建议要用电焊的方式连接固定片和外框，确保窗体不会移位。

Step 2 嵌缝、塞水路

沿着窗框立料与墙面之间的缝隙打入水泥砂浆，等待其干燥后再填补硅利康。

Step 3 完工后，落地窗外框下缘加上保护盖板

落地窗外框安装完成后，若窗户位于出入通道上，下方的铝料要特别注意以保护盖板盖住之外，建议再覆上夹板作为斜坡进出，可减轻施加在窗框的压力。而四周的保护材也先不拆除，避免工程进行时伤到外框。

监工重点

检查时机

没有装新窗，开工前要注意检查保护措施。若换新窗，则是窗户完工后确认

- □ 1 落地窗本身较重，要特别检查固定焊点（膨胀螺丝）的间距，建议30 ~ 45cm 为佳。若窗框较宽，如12cm宽，建议一个固定片焊上两个膨胀螺丝较为安全。
- □ 2 落地窗外框装完后，注意四周的保护纸先不拆，下方也要加上厚料保护，避免踩踏压坏。

Chapter 6

空调位置放错，开到低温还是不凉

空调工程

全球气候变暖，城市气温一年比一年高，空调已成为家家户户不可或缺的设备。现代空调的主流为壁挂式和吊隐式，壁挂式空调能直接安装在墙壁上，维修保养方便；而吊隐式空调隐藏于天花板之中，不会破坏整体装修风格，但必须考虑天花板高度，施工和维修也相对复杂。

无论是哪种机型，空调若要发挥最大的作用，就要规划好通风动线，因此机体安装的位置就非常重要，因为空间面积与周围环境都会影响空调功率选择和安排，否则温度调得再低也会觉得不凉，反而增加机体的负担，浪费电，也浪费钱。

协助审定／育滕空调工程行

01 装修好漂亮，空调真的不想被看到

Q1 壁挂空调回风设计错误，无法发挥空调房作用？
Q2 空调管线一大串，怎么没藏起来？
Q3 装了吊隐式空调，层高不够空间变低？

02 空调温度开再低，怎么吹还是不会凉

Q4 空调风口位置不对，开了还是不凉？
专题 选对空调功率，才会凉
Q5 安装空调管线没抽真空，影响制冷功效？
Q6 室外机被挡住，空调会不制冷？

03 安装没注意，小心漏水问题

Q7 没做好泄水坡度，天花板湿一片？
Q8 室外机没拉好管线，漏水源头从外来？

01

装修好漂亮，空调真的不想被看到

我踩雷了吗？

壁挂空调回风设计错误，无法发挥空调房作用？

不想因为壁挂式空调破坏整体空间风格，想把空调包起来，师傅却说这样会不制冷，为什么会这样？

小心踩雷！壁挂式空调外用出风口被包住，一定会出事。

主任解惑

壁挂空调要留出回风空间，绝对不能用木作隔起来

由于目前壁挂空调都是上回风设计，目的是借由上方的吸风口来测量室内温度，以持续调节室温，若是回风空间不够或者被挡住，造成空调上方的吸风口直接吸入下方送出去的冷空气，导致冷空气只在机器附近循环，无法实际测量到外围的热空气，造成空调以为室内已经降温，因此就不再送冷空气出去，让空间无法真正达到设定温度。因此，安装时不但要留出下方出风口，机器与天花板之间还要至少留10cm以上的回风空间，不要有任何东西阻挡，空调才能发挥该有的作用。

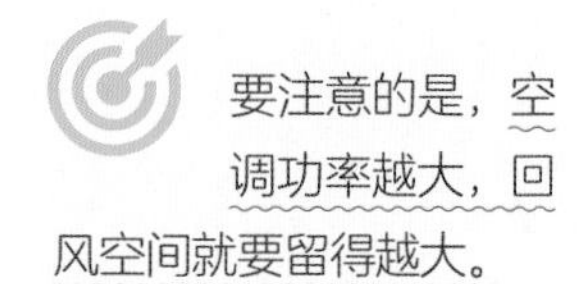

要注意的是，空调功率越大，回风空间就要留得越大。

这样安装空调不出错

Step 1 空调工班现场检验

评估空间情况包括空间面积、热源、开窗位置及日光照射等问题，再和设计师讨论安排并预留空调安装位置。

Step 2 安装适当的机体位置

机体与天花板距离10cm以上，前方至少要留35cm以上的空间，不要有任何阻挡，让四周有适当回风空间。

监工重点

检查时机

壁挂式室内机于木工退场后安装，油漆工程快结束时进行

- □ 1 注意与天花板留适当回风的距离。
- □ 2 前方则应有35cm以上不被遮挡。
- □ 3 检测时应拿图仔细对照是否按照计划进行。

我踩雷了吗？

空调管线一大串，怎么没藏起来？

木作工程已经完成，安装壁挂式空调时师傅将管线直接放在外面，说是以后比较好维修，但感觉很丑，怎么没帮我藏起来？

主任解惑

空调管线应该事前规划，藏进墙内才好看

若是全屋重新装修的情况下，应该在开始规划时就要确认空调位置和管线的走位，才能事先将管线藏起来。除非是工程进行到收尾，空调才确定好，才会有走明管的情况。若要重新隐藏，就必须多花一笔拆除费用，也会延误工期。建议一开始就要确认空调工程的安装。另外，若考虑日后安装方便，管线不想外露，也可以先预留管线及室内机的位置，这样要安装空调时就能省一笔打墙的费用，也较美观。

若是局部重装空调，想要隐藏管线，可能就要考虑拆除，但室外机往往都离室内机较远，管线距离相对较长，建议还是走明管最省力。

这样安装空调不出错

Step 1 拟定空调施工计划

依照空调施工计划预留适当空间放置室内与室外机，规划时应考虑到日后维修方便。

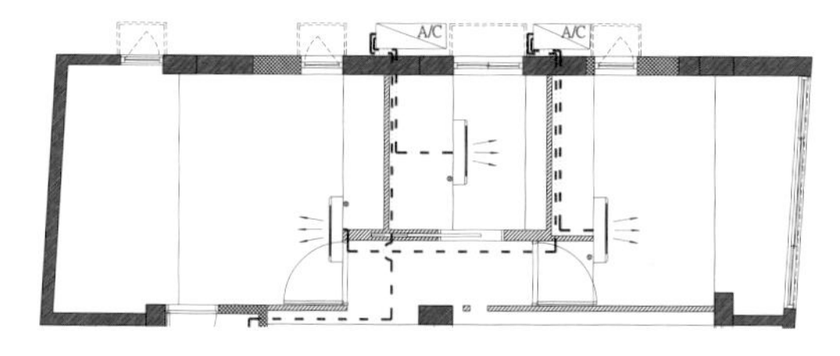

确认室内机的放置位置以及管线的走位方式。

Step 2 木工、水电与空调一同协调施作

空调安装需考虑如何藏住冷媒管与排水管，一般来说都藏进木作墙或天花板中，因此会同时牵扯到木工、水电与空调三个工班，最好可以同时找来协调。

水电退场前，空调管线就要进场施作，并且一定要在木作之前先将管线安排完毕，才能有效隐藏管线。

监工重点

检查时机

木工进场前，确认管线位置

- ☐ 1 事前确认空调规划图，确认室内机和室外机位置。
- ☐ 2 室内机安装应尽量靠近室外机。
- ☐ 3 空调要早于木作前进场，才能有效隐藏管线。

我踩雷了吗？

装了吊隐式空调，层高不够空间变低？

看到朋友家里装吊隐式空调整齐又漂亮，听说天花板够高才能装，又担心清理维修问题，安装吊隐式空调真的这么麻烦吗？

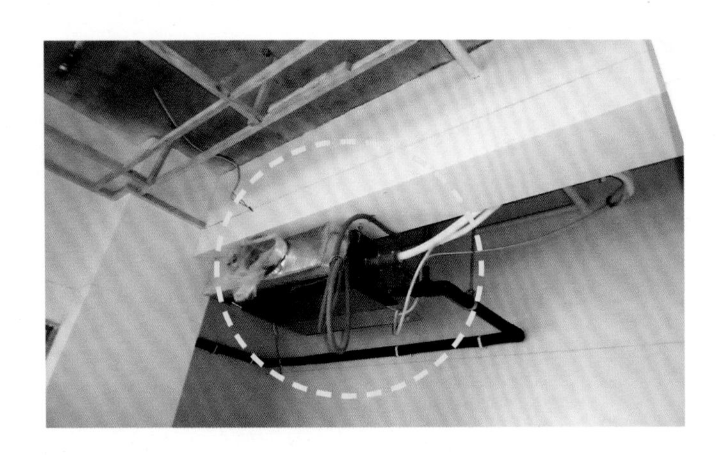

主任解惑

建议原始层高至少要2.6m以上，才能避免空间过低的问题

吊隐式空调将机体隐藏在天花板里，不像壁挂式空调会影响整体空间风格，但安装时，除了室内机、室外机外，还需要配置集风箱和出风口，因此原始层高至少2.6m才建议安装。因为吊隐式空调风口是线形设计，施工时进出回风口要注意位置。而正因吊隐式空调机体隐藏在天花板里，维修难度相对较高，维修孔的设置则格外重要，通常开在机器电脑板附近，开口尺寸依机器大小设置，以维修人员方便上去为主，建议定期找原厂保养维护。

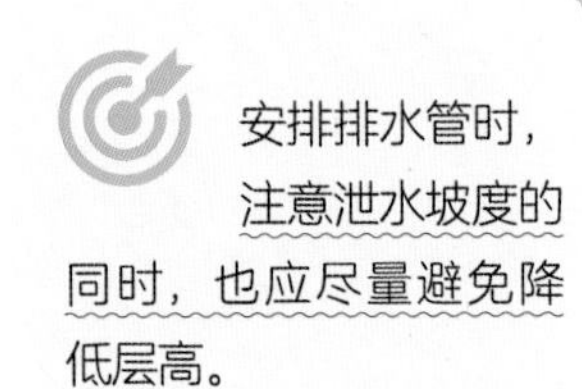

安排排水管时，注意泄水坡度的同时，也应尽量避免降低层高。

这样安装空调不出错

Step 1 安装冷媒管和室内机

吊隐式空调的功率大，相对噪声也大，所以设计时一定要预留适当的空间放置机器，才能降低噪声。何谓适当的空间？建议大约要留下机器1.3倍的空间才足够，如果预留的空间不足，再加上清洁不易，就会滋生尘螨、细菌等，让家变成最易生病的空间。

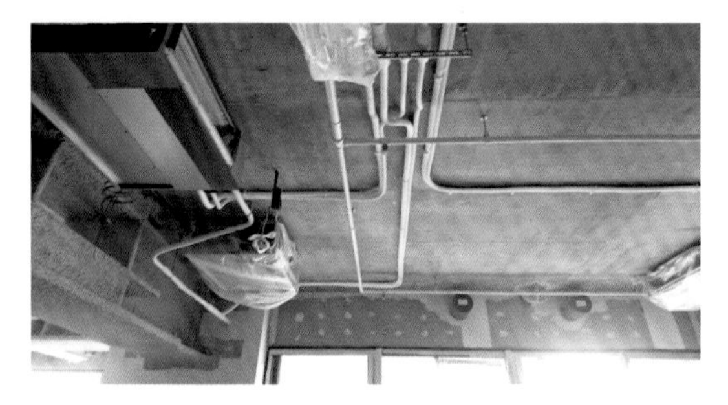

四周留出机器1.3倍的空间给室内机。

监工重点

检查时机

安装管线后检查

- ☐ 1 注意泄水坡度是否足够。
- ☐ 2 出风与回风位置是否顺畅。
- ☐ 3 机器风口以养生胶纸或塑料袋包覆保护，避免施工时的粉尘进入空调。

Step 2 安装风管

如果空调风管要过梁，不可挤压。一旦挤压，出风口的面积减小，会导致出风不畅。

安排管线走位和配置出风口。有梁就会影响室内机摆放的位置，连带让管线绕梁进行，管线过梁必须多出20cm的空间，将使天花板高度相对缩小，易产生压迫感。

02

空调温度开再低，怎么吹还是不会凉

我踩雷了吗？

空调风口位置不对，开了还是不凉？

装修完一段时间，发现客厅冷气只能吹到空间的一半，离空调较远的区域就完全吹不到，找了师傅来看，才发现空调的风口位置不对，使得冷气吹不出来，怎么会装错位置？

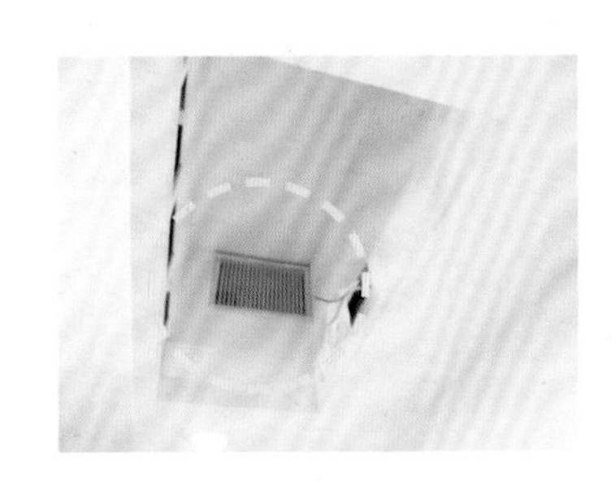

主任解惑

可能是出风和回风位置太近，导致短循环，冷气吹不远

不论是吊隐式空调还是壁挂式空调，想要高效地让空间变冷，要特别注意的就是出风和回风的问题。以吊隐式空调来说，出风口和回风口本身可自由调换位置，在安排摆放位置时，出风和回风不能太近，以免冷气吹出来都还没下降到空间中，马上就被回风吸走了。另外，若出风口和回风口是放在间接照明上，建议风口不能相对，要稍微错开，采取对角线的位置，才能让冷气有足够的时间在空间中循环。

回风面积不足也会导致空调不冷。以壁挂式空调来说，回风口位于机体上缘，因此回风口与天花板之间需有10cm以上的距离才行。

风口位置错误示范

错误1 壁挂式空调被间接照明或天花板包围

有些房主会希望将空调藏起来，放在间接照明上或与天花板结合，这样的设计要特别注意留出出风和回风的位置。以壁挂式空调被天花板包围为例，由于回风口在空调上方，回风口就被藏进去，使得吸不到风，就会降低制冷功效。

若回风不足，冷排会结冰，导致制冷功效下降，时间长了机器可能会运转不良。

错误2 吊隐式空调的出风口和回风口太近，造成短循环的问题

吊隐式空调的出风口和回风口位置要注意距离，距离太近会有短循环的问题，一出风就马上被回风吸走，空间根本不会凉。

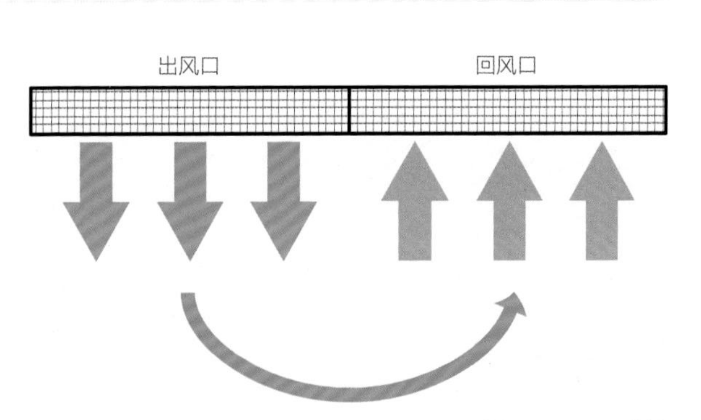

短循环。吊隐式空调的出风口和回风口太近，冷气一出，马上就被吸走。

这样安装空调不出错

设计原则 1 吊隐式空调的出风口和回风口保持一定距离

吊隐式空调的出风口和回风口可以依照空间条件去调动位置，建议保持一定的距离，让冷气先下降到空间中，再回风吸入。

设计原则 2 空调安装应考虑出风方向，不要直吹人

安装时应考虑出风是否向人吹，如卧室冷气不直对床方向、书房冷气不直对书桌方向、客厅和餐厅冷气不直接对沙发或餐桌。若考虑家具摆放、空间比例及实际制冷需求，可以在适当位置加上风扇，帮助冷气传导。

客厅的空调位置

在客厅出风，避开沙发。

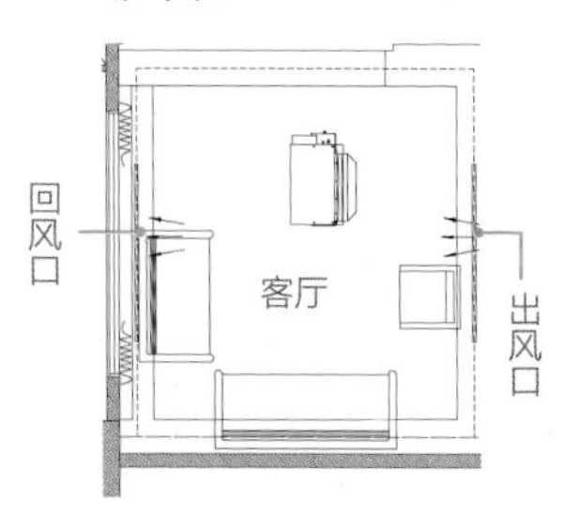

卧室的空调位置

在卧室出风，避开人与床铺。

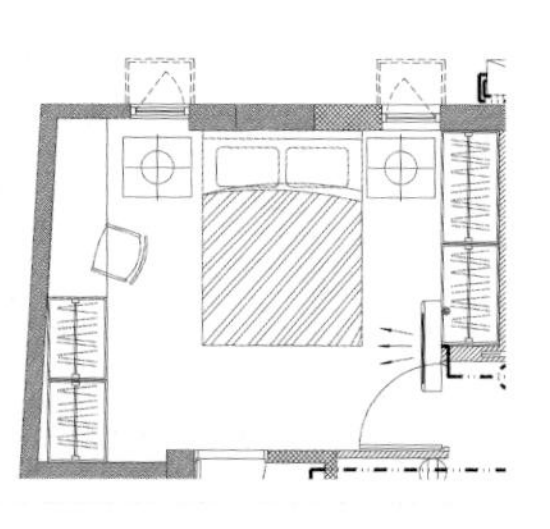

监工重点

检查时机

规划平面图时，确认空调摆放位置

- □ 1 壁挂式空调安装时，要先规划好位置，不能离天花板太近，至少要留10cm以上。
- □ 2 吊隐式空调的出风和回风位置要错开，并分开一定距离。
- □ 3 出风口和回风口藏在间接照明时，要注意风口分别放在对角线的位置较佳。

选对空调功率，才会凉

除了风口位置的问题，还要注意室内空间的日晒条件和空调功率是否足够，一旦房间有西晒或空调功率不足的情况，也会造成制冷不好的问题。

Point 1 ▶ 空间大小决定空调功率

空调不制冷其中一个原因是空调功率不足，空调功率选择应考虑空间大小、使用人数、热源多寡、开窗位置、日光照射、是否有顶楼西晒等问题。开放式空间要以整个开放区域面积来计算，制冷效果才显著。若标示小1.5匹可供应14～18m²，而空间刚好是18m²，建议选择正1.5匹的空调，选择最高标准的空调功率再来调整温度，以免冷气供应不足。

Point 2 ▶ 有日晒、顶楼等因素，功率往上调

如果是家住顶楼或房间有西晒问题，要依照面积挑选高一级的功率。比如26m²的客厅下午会有西晒，依照面积应该选2匹的空调，但建议往上挑选一级，选择3匹的空调较佳，避免日晒温度过高空调来不及降低室内温度的问题。

我踩雷了吗？

安装空调管线没抽真空，影响制冷功效？

在网络上买了一台空调，但是经销商安装时居然没有抽真空！后来请总公司派人来看，技术员说这样机器的寿命会减短，真的很令人生气！

主任解惑

确实做好抽真空工作，才能确保机器寿命

抽真空是分离式空调安装完室外机后、填充冷媒前不可缺少的重要工序，因为空气中的一些气体不能溶入冷媒中，如果没有抽真空或是做得不到位，冷媒里会混入空气。当压缩机打进铜管，冷媒就会不均匀，影响制冷效果，室内无法降温，可能压缩机寿命就会减短。

抽真空的目的就是要将空调管线中的气体、杂质和水分排出，并确保制冷效果及减少机器的故障。

这样施工不出错

Step 1 将高、低压量表接往高、低压阀管线

安装和连接内外机，将连接内外机的管道接好，用活动扳手松开空调室外机的高、低压阀，将空调高、低压量表的红色管线接往高压阀端，蓝色管线接往低压阀端，再把中间黄色管接往真空泵。

Step 2 开始抽真空

压力表连接真空泵，打开高、低压表两个阀门后开真空泵，即开始抽真空。观察冷气高、低压量表数值，建议将压力抽置-0.1MPa绝对真空后再抽10～15分钟，操作时间要足够才能完全清除冷媒管内的空气。

Step 3 确认有无渗漏

先关掉高、低压两个阀门，再关掉真空泵，等10分钟确认真空度没有减少，则表示没有渗漏，完成抽真空。

抽真空后，要等10分钟确认真空度是否减少。

监工重点

检查时机

安装管线后测试

- □ 1 连接压力表，检查各管线连接是否漏气。
- □ 2 抽真空操作时间不能太短，否则无法达到预期效果。
- □ 3 铜管避免弯折，否则会导致冷媒输送不畅，影响制冷效果。
- □ 4 若完工后发现有不冷的情况，可自行在家先测试，将肥皂涂在连接头等位置，检查是否有气体漏出的情况，如果冒气表示接口没接好。

我踩雷了吗?

室外机被挡住，空调会不制冷?

安装分离式空调时，想将室外机安装在侧面外墙上，师傅却说要安装在前阳台散热比较好，可是会占用阳台大量空间，真的是这样吗?

主任解惑

室外机要留出散热空间，通风必须够好才能放

空调不制冷还要考虑室外机安装情况，由于分离式空调靠大环境在散热，室外机被高墙挡住，会使周围的空气在有限区域内产生短循环，造成散热不良，压缩机也很容易坏。

在选择室外机的位置时，尽量放在室外，若是邻近街道，可评估是否有足够的散热空间。若是放在室内阳台，且阳台是密闭的，务必要架高室外机，或者将室外机的风口朝外，不挡到散热范围即可。

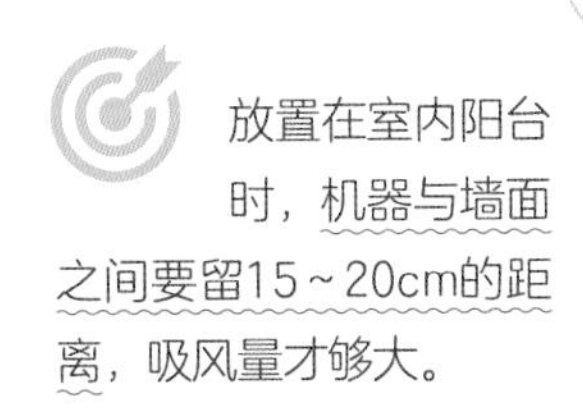

放置在室内阳台时，机器与墙面之间要留15~20cm的距离，吸风量才够大。

这样安装室外机不出错

Step 1 安装室外机

分离式空调的室外机建议安装在结构稳固的地方。若要安装在悬空的外墙上，则必须安装安全角架，需额外安装维修笼，预留维修空间，让维修人员有足够的操作空间。若室外机放在阳台，建议不要把机器直接放在地上，最好设置挂架，放在阳台矮墙上缘，让机器背侧的风口不受阻挡。

考虑日后维修的情况，一定要装设维修笼和安全角架。

⊕ 室外机放外墙，安装挂架

室外机挂在外墙时，要安装安全角架，以支撑机体重量，并安装维修笼，方便日后维修。

⊕ 室外机放阳台，需架高在阳台矮墙上

室外机若是放在前后阳台处，建议安装在阳台矮墙上，且使机体背面朝外，有效散热。不要放在地面或贴墙，否则易产生噪声和散热不良。

室外机安装在阳台矮墙上，有效散热。

⊕ 放在狭窄街道边墙上，加导风板

若无良好位置，室外机必须放在狭窄街道边墙上时，安装位置应错开邻居的窗户，避免直吹。同时，机体本身应加导风板，导风板的作用在于引导散热风向，可向上或向左右排风，有助于散热。

加上导风板，有助于引导散热方向。

Step 2 美化管槽安装

输送冷媒用的铜管一般外面会包覆泡棉来保护及保温，确保制冷功效正常。冷媒管外面建议再用管槽修饰板，不只修饰、美化管线，也可以防止泡棉因日晒雨淋而风化。

管线外露的情况。管线外的泡棉时间久了可能会损坏。

加上管槽修饰板，保护管线。

Step 3 机体定位

将室外机完全固定在安装架上，以免有掉落的危险。避免装在铁皮墙面，否则运转时容易产生噪声。注意机器一定要离墙面15～20cm的距离。

放置机器时，要注意机器背面和墙面的距离不能太近。

主任的魔鬼细节

优选1 留意新旧冷媒管使用

冷媒规格一直不断更新，因为新冷媒的压力是旧冷媒的1.6倍，所以冷媒管的管径厚度要求为0.8mm，在安装时冷媒管外的保温层上有注明新冷媒专用，如果要重新安装空调，机器、冷媒管都要全部更新。另外，空调不制冷还有可能是冷媒泄漏，造成制冷功效下降，常发生漏冷媒的位置可能在冷媒管焊接点、弯折处或室外机高压接头螺帽位置，这时最好请专业工程人员维修检测。

优选2 室外机与室内机距离越近越好

为了不破坏室内装修，有些设计会将空调管线绕过厨房、厕所等有天花板的地方，但这样可能会使室外机与室内机距离太远，使冷媒管拉过长造成过多弯曲，从而影响空调工作效率。冷媒连接管应该在20m以内才可以维持工作效率，因此室外机与室内机位置要尽量接近。

监工重点

检查时机

放置室外机后检测

- □ 1 室外机需放置在空调专用架上。
- □ 2 安装在散热空间足够的地方，留意墙面和机器之间的位置。
- □ 3 若室外机安装在外墙，需预留足够的维修空间，架设维修笼。

03

安装没注意，小心漏水问题

我踩雷了吗？

没做好泄水坡度，天花板湿一片？

装修不到半年，就发现天花板湿一片，有时还会滴水，打开天花板才发现吊隐式空调的盘内有积水，为什么会发生这种事？

主任解惑

安装完空调管线后应该要先试水，确认泄水坡度是否做好

无论是吊隐式空调还是壁挂式空调，都会有冷媒管和排水管，排水管主要的功能就是排除运转后所产生的水，因此排水管必须做出泄水坡度，让水能够顺利排出，以免泄水坡度不够积水于管内，使得排水管和空调接头承受不住而漏水，或吊隐式空调的集水盘积水而渗漏。因此，管线安装完一定要试水，确认可顺利排水才行。

除了可在排水管直接倒入水测试外，清洁完至少开机运转4~8小时才能确认是否有问题。

这样安装不出错

Step 1 安装空调管线

安装冷媒管和排水管，排水管要注意是否做好泄水坡度。

拉出排水管的泄水坡度。

Step 2 排水管进行试水

排水管灌水测试，注入水1～2分钟后，沿路查看管线是否顺利排水。另外，也要注意排水管和空调的交接处是否漏水，若有，表示没有锁紧，再锁一次即可。

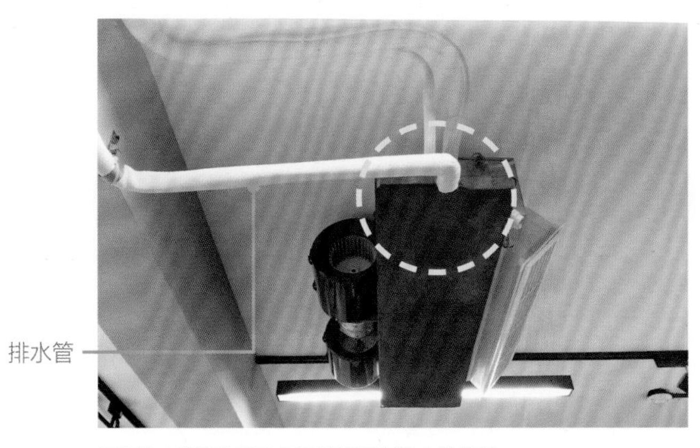

注意排水管和空调的交接处是否有漏水的情况。

主任的魔鬼细节

优选 排水管也套用保温材，才不会冷凝水滴不停

冷媒管与空气进行热交换时，空气中的水分在蒸发器的表面会不断凝结成水珠。排水管将水分排出设备时，水的温度较低，相对会让排水管的温度也低，所以有可能发生冷凝现象而持续滴水，滴落在天花板上。因此，建议连排水管也包覆保温材较好。

排水管包覆保温材，可避免发生冷凝现象。

监工重点

检查时机

安装完空调管线后进行试水

- □ 1 确认是否做管线的试水检测。
- □ 2 注意排水管和空调的交接处是否锁紧。
- □ 3 检测排水管是否包覆保温材，以免发生冷凝现象。

我踩雷了吗？

室外机没拉好管线，漏水源头从外来？

客厅的梁发生问题，查了一下才发现漏水竟然是沿着室外机的管线流进来，明明装得好好的，为何会有水？

主任解惑

若室外机放在顶楼，管线垂直进入家中，水就会一起流进来

在多年的监工生涯中，常常见到室外机管线没拉好导致的漏水问题。位于顶楼，室外机放在屋顶时，空调管线会往下顺着大楼外墙，洗洞后进入室内。一般采取的预防措施是在洗洞区域加上硅利康来堵水。但长时间的日晒雨淋，硅利康会脆化脱落产生缝隙，一旦下雨，雨水就会沿着管线流入室内。若管线是埋在墙内或天花板，就会发现顺着管线发生壁癌的情况。

解决方式是空调管线不垂直进入室内，拉出U字形再进入，创造滴水线效果。

这样施工不出错

Step 1 室外机放高处，管线要拉U字形

若室外机放在顶楼，管线往下进入室内，要先拉出U字形，让雨水可以顺势往下。一般室外机若放在后阳台，位置较低，就无须特别拉管。

管线垂直顺势进入室内，漏水概率大增。

管线拉出U字形，雨水进不了。

Step 2 洗洞处补上硅利康

为了让管线进入，会在墙上洗洞，在洞口和管线的交接处必须以硅利康填缝密实，以防雨水进入。

洞口交接处填实硅利康。

监工重点

检查时机

安装完管线时，确认室外机管线的拉法

- ☐ 1 室外机较高，管线要拉U字形。
- ☐ 2 室外机管线以管槽包覆，并固定在墙上，不仅美观，也能避免包覆材脱落问题。
- ☐ 3 墙面若有洗洞，硅利康要完全填满。

Chapter 7

做对尺寸、承重和选材，以免处处重做
木作工程

木作工程包括柜体制作，天花板、柜体及隔间等都属于木工范畴。由于木材具有可塑性，可以利用不同的木材作为基础结构，或者做出特定造型的柜体，为空间带来多样变化，也是营造居家温度不可或缺的材质。但由于自然环境的改变，木材的取得越来越不易，价格也随之变高，因此发展出多元的替代材质，为了后续维修的问题，都各自发展出自己的工法。木作工程需考虑结构水平和垂直的稳定性及承重，因此材质的选择和施作的工法都不能忽略。

协助审定／吉美室内装修工程

01 天花板没做好，无法稳固，让人好担心

Q1 天花板被偷工减料，最后才知道？

Q2 天花板想挂吊灯，硅酸钙板承重不够？

02 木作柜、系统柜特性不同，收边水平要做好

Q3 衣柜水平没抓好，拉门永远关不紧？

Q4 事前没留好系统柜的框架，尺寸不对有缝隙！

03 铺木地板前基础工程要做好，以免花钱重铺

Q5 改铺木地板，一定要敲掉瓷砖？

Q6 架高地板怎么踩都有声音，太困扰！

04 木隔间没做好，承重、隔音都烦恼

Q7 木隔间可以挂重物吗？

Q8 想要安静空间，木隔间隔音效果差？

01

天花板没做好，无法稳固，让人好担心

Q1

我踩雷了吗?

天花板被偷工减料，最后才知道?

自己想省预算，找了报价较低的木工，结果地震后部分区域的天花板竟然下沉了，难道是师傅偷工减料的后果?

天花板下沉原因和解决对策

吊筋没有完全固定于RC结构

试着拉吊筋，看会不会被扯下来，若有掉落，则再次固定即可。吊筋需锁入一根螺丝，加强牢固度。

横角料间距过大

间距过大会让结构较为松散，因此在未封板之前通常要计算角料的数量。

主任解惑

可能是横角料间距太大或用了劣质角材

通常天花板变形或下沉的可能原因是施作不当，吊筋与RC层的天花板没有完全固定。一般来说，为了固定角料与修整天花板水平，施作天花板骨架前会先用角材组出T形的吊筋，用气压钉枪固定于天花板RC层。现在由于新房屋混凝土结构较厚，气压钉枪的钢钉可能无法完全打入结构，导致天花板无法完全固定而掉落，现在多用角材组合L形铁片的吊筋用火药钉枪钢钉固定，较能确保打入结构。

另外，有时为了施工快速或节省角料，会将横角料间距拉大，但间距过宽，板材因受力不足而使天花板下沉。同样，若省下横角料，相对吊筋数量会跟着减少，支撑强度也会相对减弱。

看报价时，要注意一分钱一分货，若报价较低的情况下，可能就会减少角料数量和缩短吊筋间距，降低材料费用，借此降低施工成本。但这样反而划不来，事后发生问题，需要花费更多。

吊筋数量不足

吊筋没有做足，同样会造成天花板结构的问题，在封板前需确认吊筋的数量。

选用劣质角材或氧化镁板

当材料到达现场时，需检测材料的品牌、品名是否和当初商定的相同。

这样施工不出错

Step 1 定高度、抓水平

天花板施作应从修整水平、定高度开始，以设计师设定的天花板高度为基准抓出水平，再用激光水平仪扫描，确定天花板水平高度位置，并在墙上做标记。要将藏入天花板内的管线、照明、设备以及梁柱等因素一并列入计算，这样才能确定适合的高度。

天花板的高度要纳入管线、照明、梁柱等因素来计算。

Step 2 吊筋、下角料

吊筋是决定天花板稳固度的重要部分，是用角材组成的一个T字的组件以及用角料与L形铁件组成。固定时，后者用火药击钉钉在天花板混凝土层上，让主骨架与吊筋结合，再依序下横角料拼组成天花板结构。

角料数量为2根主骨架和5根横角料，2长5短最为恰当

确实以吊筋固定支撑角料，天花板才会稳固不歪斜。

角料与L形铁件组成的吊筋。用火药击钉固定混凝土结构层。

Step 3 封板（板材建议避开氧化镁板）

天花板骨架涂上白胶后，将板材粘上，再用钉枪把贴覆于骨架的板材做固定。选用的板材需避开氧化镁板，否则一旦受潮易吸水，会让板材呈波浪状。辨识氧化镁板的方式可从边缘看，氧化镁板在边缘会有纤维质，硅酸钙板则没有。

封板，以钉枪固定。注意板材材质的选用，建议使用硅酸钙板。

氧化镁板易吸水，久了会呈波浪状。

监工重点

检查时机

在封板之前检查吊筋及角料的状况

- □ 1 检查板材的品牌和品质是否和商定的相同。
- □ 2 确认天花板骨架施工是否到位。
- □ 3 检查吊筋数量是否足够并确实固定在混凝土结构，位置最好错开才能受力平均。

我踩雷了吗？

天花板想挂吊灯，硅酸钙板承重不够？

设计师说天花板用的硅酸钙板不能挂吊灯，要用木芯板代替，这样好吗？

主任解惑

用木芯板加强承重，硅酸钙板较脆不能直接挂吊灯

硅酸钙板承重比较差，因此为了强化其吊挂吊灯的支撑力，在设计图纸上要先标示出吊挂位置，在封硅酸钙板前抓好吊灯电线出线点，由木工师傅将电线拉出来，吊挂位置再用承重较好的夹板或木芯板加强，周围还要加吊筋增强承重，以便日后能够供吊灯锁上。

若吊灯过重或要加上吊柜，木作天花板可能承受不住，就会直接固定在原始天花板的RC层结构上。

这样施工不出错

Step 1 吊挂区四周增加吊筋，加强结构

吊挂区域四周的角料安排密集，同时最好在板材四边角料都要加吊筋，承重和稳固性会更好。

增加木吊筋，使受力平均并加强支撑。

Step 2 加上夹板

吊挂灯具的区域要加夹板或木芯板，增强其承重。

以夹板或木芯板增加承重。

Step 3 确认吊灯位置

在封板前，依照图纸标示确认吊灯吊挂位置，并拉出吊灯电线。

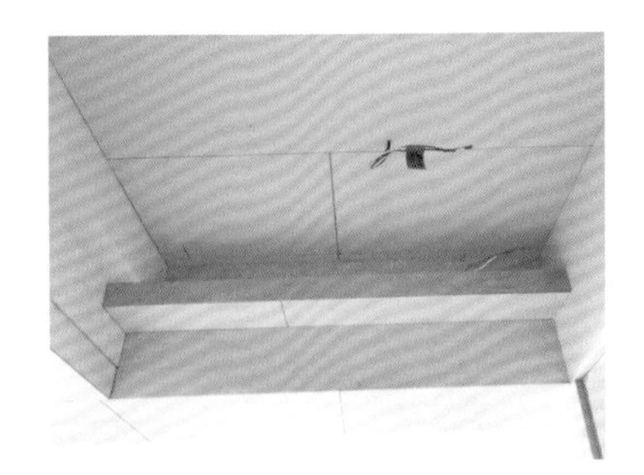

在封板前，拉出吊灯电线。

监工重点

检查时机

封板前检查吊筋数量和板材

- □ 1 吊挂位置加木芯板或夹板。
- □ 2 角料加吊筋加强。
- □ 3 吊灯电线要先出线。

02

木作柜、系统柜特性不同，收边水平要做好

我踩雷了吗？

衣柜水平没抓好，拉门永远关不紧？

卧室衣柜的拉门门板都没办法关紧，经常往右滑，所以左边会有一条缝，到底是什么原因？

主任解惑

这是因为柜体水平没拉平，才会滑向一侧

量身定制的木作柜让空间有效利用，也更符合个人收纳需求，制作木作柜和其他木作工程一样，首先要保证垂直、水平。一旦水平没抓准，就会导致门板、抽屉也跟着歪斜，无法关紧，因此在施作时可以用底部的踢脚板调整不平的地面。木作柜组装完成放到适当的位置后，要做水平、垂直校准，利用激光水平仪调整木柜两个侧板内缘线平行，确认柜体垂直、水平精准后就可以下钉固定，再组装内部五金及上门板，才可以确保柜体不歪斜。

常常出现柜体用了一段时间发现抽屉关不起来或者门板关不紧的问题。除了可能一开始没做完善之外，还要考虑五金的使用程度，有可能用久了五金有松动的现象，若想改善，重新调整五金即可。

这样施工不出错

Step 1 抓踢脚板水平，奠定柜体水平基础

用激光水平仪抓水平，一般踢脚板高度约为10cm，也可根据现场高度或业主需要调整，接着在墙面做记号。踢脚板等同于整个柜体的基础，必须准确确认是否水平。

Step 2 施作踢脚板底座

裁切踢脚板所需的角料，按照标记固定于墙面，地面和踢脚板高度都要下角料，这样上下缘才都有角料可以上钉固定。

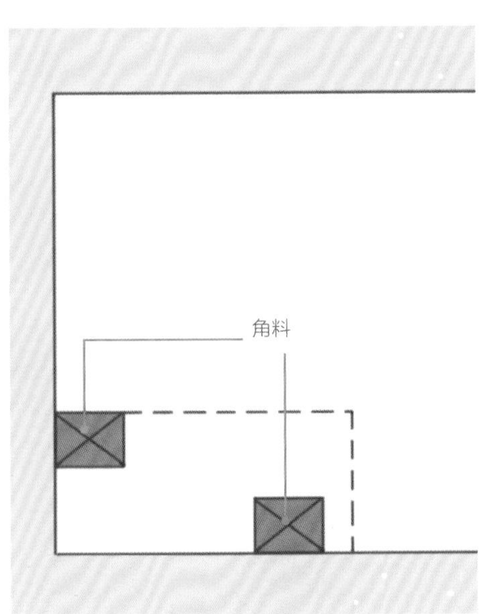

在墙面和地面下角料，作为踢脚板的支撑。

施作踢脚板底座。

Step 3 制作柜体后立柜，注意柜体不可歪斜

制作柜体，注意柜体不可斜成平行四边形，柜体内侧加上层板，借此固定柜体两侧不歪斜。将组装好的柜体立起来，放置到预先做好的踢脚板底座上，抓平整之后再下钉，将柜体跟底座固定起来。

先做出柜体四边，中间再加上层板，以便固定柜体不歪斜。

Step 4 组装柜内五金和层板

柜内元素依个人需求做规划，常见有层板、抽屉以及五金，其中层板分为固定与活动形式，常见五金零件如拉篮、吊衣杆等。

依个人需求加装所需的层板或五金零件。

Step 5 制作门板后安装滑轨等五金

制作拉门门板，注意门板的尺寸必须精准，避免歪斜，之后安装才不会出问题。接着安装拉门五金，在木柜上先安装好轨道，门板下方要安装滑轮五金，上方则要安装卡扣五金，才能安装好拉门门板。

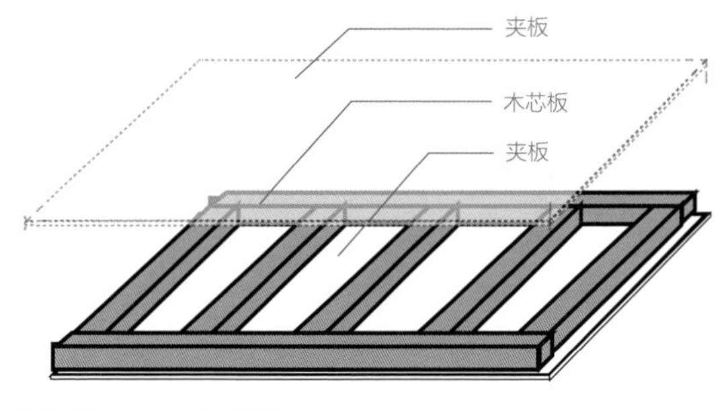

制作门板，尺寸必须精准。

柜体上方安装卡扣五金，下方设置轨道。

监工重点

检查时机

施作踢脚板底座和柜体时要检查水平

- □ 1 组装过程中，确认是否用激光水平仪校正柜体的垂直、水平。
- □ 2 安装五金时应注意是否全部清洁，避免木屑造成使用不顺畅。
- □ 3 裁切出来的门板要方正，避免有歪斜的情况。
- □ 4 柜体层格跨距不能过长，以免承载过重，板材下沉。

我踩雷了吗?

事前没留好系统柜的框架，尺寸不对有缝隙！

设计师建议书柜可用木作，和系统柜搭配，但是系统柜和木作接合的地方似乎没有对齐，产生缝隙，到底是哪里出了问题？

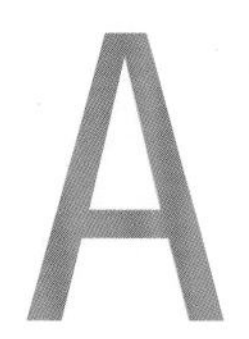

主任解惑

木作应先做好与系统柜接合的区域，由木作师傅调整尺寸才对

由于系统家具是测量尺寸后在工厂预制，尺寸较为固定，当墙面不平整时无法完全贴合，为了呈现完美的平整度，木作师傅和系统柜工班会在现场讨论，找出最适合的收边方式。按工序来说，一般会是木工先进场做包框，调整墙面平整度，若系统柜未置顶，木作也需做出假梁，再嵌入系统柜去嵌合。因此，木作施作时一定要分毫不差地精准测量尺寸。

系统柜是测量后在工厂预制施作，因此需要木作先做出框架，再去测量系统柜的尺寸，这样才较为精准。

这样施工不出错

Step 1 测量尺寸

木作工程退场之前系统柜工班就要进场测量尺寸，并和木工师傅协调哪些部分需要由木作施作收边。

Step 2 先做木工，预留系统柜空间

由于系统柜无法现场修改，木工先依墙面情况抓好水平、垂直，再制作尺寸准确的框体作收边，系统柜再以木作调整的框体尺寸制作，最后再将柜体嵌入。

柜体边缘和上方木作假梁不齐。

精准修正假梁尺寸，柜体和假梁平齐才美观。

Step 3 系统板材分料组装

系统柜的板材会在工厂裁切好再送至现场组装，再嵌入已调整好水平、垂直的柜体位置。按照需求配置层板、抽屉、把手、门板等配件。

组装系统板材。

主任的魔鬼细节

优选 系统家具与木作配合，修饰剩余空间最好看

柜体高度通常也要配合板材尺寸，系统板材最高约240cm，如果以2.8m高的天花板来说，除去天花板和楼地板高度，安装完系统柜大约还剩40cm，剩下的空间可以利用木作设计收纳或假梁来修饰。

系统柜上方与天花板之间的间隙，以系统板材贴合修饰。

监工重点

检查时机

木作退场前

☐ 1 木作工程退场前，系统柜工班要确认需要收边位置。

☐ 2 木作收边要先抓好天、地、壁的水平和垂直。

03

铺木地板前基础工程要做好，以免花钱重铺

我踩雷了吗?

改铺木地板，一定要敲掉瓷砖?

原来的地板铺的是瓷砖，但是喜欢舒适的木地板，想省预算直接在地砖上铺木地板，这样可以吗?

主任解惑

瓷砖若够平整，可以直接铺木地板；但若有翘曲、膨拱的情况，则要敲掉瓷砖再铺

能不能直接在瓷砖地板上铺木地板取决于原本地砖平整度，越平整铺起来越密实。若是高低差太多，以后踩踏地板出现噪声的概率比较大。若是地板有膨拱、漏水等问题，一定要先彻底处理再铺设，如果只是地面不平整，将瓷砖打毛后，铺上水泥砂浆或自平水泥顺平地面即可。

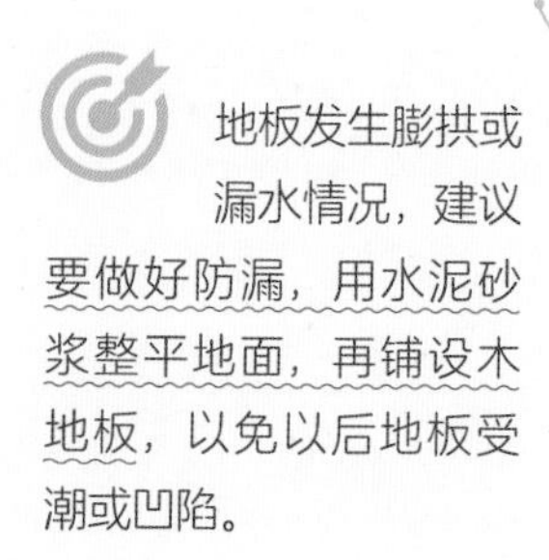

这样施工不出错

Step 1 检查地面情况，有高低差就需整平地面

先测量铺设范围，并检查地砖是否有松动、漏水、裂缝等情况，若有不平的地方用水泥砂浆整平地面。

用水泥砂浆整平地面。

Step 2 铺防潮布

整理清洁地面之后铺一层防潮布，主要目的是阻挡湿气，减少踩踏时的噪声。

先铺好防潮布，阻挡地面水汽。

Step 3 收边

根据热胀冷缩的原理，漂浮式超耐磨木地板在施作时地板与墙面间要预留8～10mm的伸缩缝。铺设完成后，可以选择硅利康、踢脚板或木质收边条收边。

监工重点

检查时机

油漆工程后铺木地板进行清洁前检查

- □ 1 铺设前先检查材料包装是否有瑕疵及毁损。
- □ 2 检测木地板是否变形，企口或锁扣是否损坏。
- □ 3 地板接缝是否大小不一、凹凸或边缘有高低差。

我踩雷了吗？

架高地板怎么踩都有声音，太困扰！

多功能房间采用架高地板设计，每次踩上去都会有声音，是施工不良吗？要怎么改善才好？

主任解惑

可能是角材没钉实或木材因热胀冷缩产生缝隙，踩踏才会发生声响

因为季节变换，木材受热胀冷缩的影响，板材之间缝隙有时紧密、有时较松，木材互相挤压多多少少都会有声音。架高木地板踩踏会有声响，可能是地面主骨架与横角料在施工时没钉牢，或者板材因冷热导致木材间产生缝隙。因此在施工时主骨架与横角料要相互顶实，主骨架间距不能太远，每间隔30cm下一支，使骨架结构及支撑力扎实，降低踩踏时的声音。选材方面，早期使用实木角料热胀冷缩明显，目前使用集成材制成的横角料膨胀系数较小，可以降低因为缝隙产生的声响。

若架高木地板局部区域有声音，事后若要修复，可以在该处打AB胶或发泡剂填补缝隙，缓冲木材之间的摩擦。

这样施工不出错

Step 1 清洁地面、铺防潮布

整地清洁后，先铺一层防潮布，阻挡地面湿气，每块防潮布都需交叠10cm。

Step 2 下角料

以角材组出木地板框架范围，并以木地板完成面高度在墙面钉角料，并下T字形的木桩。完成后，试踩木桩是否稳固或是否有下陷的问题。选择角料的材质时，建议选用集成材的角料，易解决木料变形导致出现声响的问题。

架高地板选用集成材的角材能有效避免变形而产生声响的问题。

下T字形的木桩。

Step 3 下主骨架及横角料

地面先下主骨架，主骨架与主骨架之间约30cm，地面的稳固度比较高，接着再下横角料，组成具有支撑力的方格骨架。

固定主骨架和横角料，稳固支撑。

Step 4 下底板及上面材

架高地板支撑结构完成后，铺6分夹板，并用白胶及钉枪固定，最后上木地板美化表面。

铺上底板，一般选用6分夹板。

主任的魔鬼细节

优选 1 木地板下面放长碳调节湿气

为了避免木地板潮湿曲翘，铺完木夹板后再铺一层防潮布，加强防潮，然后再铺木地板。如果环境太潮湿，架高地板下面可以放长碳吸湿或者适当开除湿机，都可以预防木地板潮湿。

优选 2 下底板时，建议底板长边都要和角材相接固定

当走在架高地板上时，若底板边缘未钉在角材上，下方无支撑，一踩下去就有可能下陷，因而有声响。因此，建议底板长边都要与角材固定，才能有效支撑。

底板长边未钉在角材上，踩踏易下陷

底板长边未钉在角材上，下方无支撑，踩踏就容易下陷。

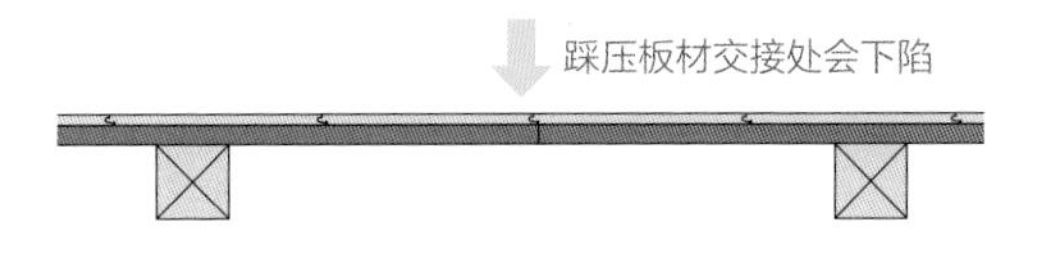

底板钉在角材上，下方有支撑

底板长边有角料支撑可下钉，踩踏较扎实。

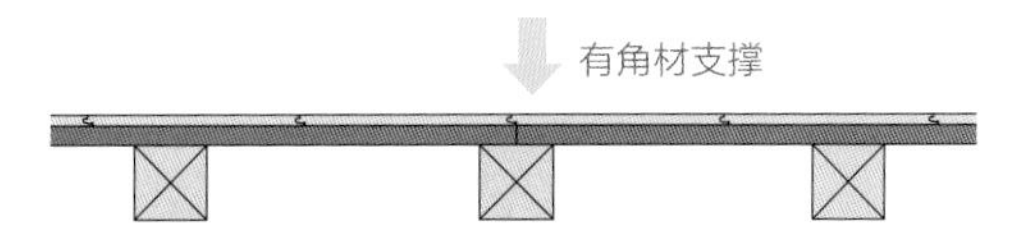

监工重点

检查时机

地板架好主骨架封板前检查

- □ 1 主骨架和木桩铺好后，未封板前在现场直接试踩桩，若发现有下陷，可以要求重整。
- □ 2 确认主骨架与横角料间距不可过大。
- □ 3 板材与板材、板材与墙面之间要留伸缩缝隙。

04

木隔间没做好，承重、隔音都烦恼

我踩雷了吗?

木隔间可以挂重物吗?

家里是木作隔间，想要在墙面吊挂大幅画作，不知道墙面会不会撑不住?

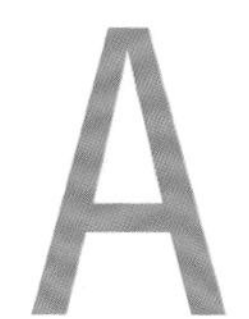

主任解惑

可以的，吊挂区的骨架排得密集些，并加上夹板，就能挂重物

木作隔间墙的做法是以角料立骨架，填入隔音材，再封硅酸钙板。如果想在墙面加上层板、空调，甚至是电视设备，可依照不同的吊挂需求来加强木作结构。在立骨架时，就可在吊挂区安排较密集的间距，加强支撑力，封硅酸钙板前先上一层夹板，增加一定的厚度，钉子就能够咬合。

吊挂区放置的夹板会依照吊挂的物品而定，一般都是2分夹板，若需要挂电视或空调这类较重的设备，建议用4分夹板较为安全。

这样施工不出错

Step 1 放样立骨架。挂重物的区域，骨架要更密集

依照墙面的高度和幅宽比例调整角料的间距，间距越密结构力越强，纵向角料隔30～60cm下一支，横向角材则30～60cm下一支。在要吊挂重物的区域，则需更密集，15～30cm一支。

在吊挂重物的区域，骨架间距15～30cm。同时加上2分夹板，加宽日后下钉范围。

Step 2 封板。依吊挂状况可选择2～4分夹板

封板时两块板材之间要留出缝距，让后续的油漆批土更为平顺，否则接缝容易产生裂痕。墙面有吊挂需求，先放2分夹板，再加硅酸钙板，两种板材用白胶黏合并上钉，牢固度和咬合力就会很高；若要安装壁挂式电视，则要加4分夹板。如果墙面要打钉子，注意钉子要下在角料的位置较牢固。

吊挂的物品越重，建议选用较厚的夹板，增加承重。

监工重点

检查时机

封板前检查骨架排列

☐ 1 钉板前看骨架是否顶到天花板。

☐ 2 骨架间距有没有依照标准。挂重物的区域，骨架排列要更密集。

☐ 3 封板的板材之间是否留缝。

我踩雷了吗？

想要安静空间，木隔间隔音效果差？

自己对隔音品质有较高要求，但考虑到楼板承重又无法使用传统的RC或砖头隔间，使用木作隔间要怎么加强隔音效果？

主任解惑

木作隔间需内覆吸音材和表面多封夹板来加强隔音

木作隔间是利用角材和板材组合而成的结构体，优点是施工非常方便、快速，但由于所有材料都是木材，结构为中空，因此隔音效果有限，通常在结构间会填充可吸音或隔音材质，例如加铝箔纸的岩棉。一般隔间多使用60K左右的岩棉，所谓的K数是岩棉的密度，密度越高，隔音越好，而且一定要充分填实，让声音有效吸收不外传。

除了运用岩棉这种吸音材料，在封硅酸钙板前多加一层夹板，也能提高隔音效果。

这样施工不出错

Step 1 骨架立到天花板

用角料架起墙面结构后，先封上一侧背板，以防填充岩棉掉出。

Step 2 填入岩棉

检查岩棉，确认K数是否达到与议定的要求。在背板与角材之间的空隙填实岩棉。

确认岩棉材质的K数。

岩棉依照骨架分割块状后填入塞满。

Step 3 封夹板及硅酸钙板

多封一层夹板，加强隔音效果，再封上硅酸钙板。

先加上2分夹板，加强隔音。

主任的魔鬼细节

优选 隔间要做到顶，提升空调功效，同时能较好隔音

装修施工程序建议先做隔间，并且高度做到顶再做天花板，这样不但能提升空调功效，也能加强隔音效果。

木作施作区域顺序

木隔间 → 木天花 → 木柜体 → 木地板

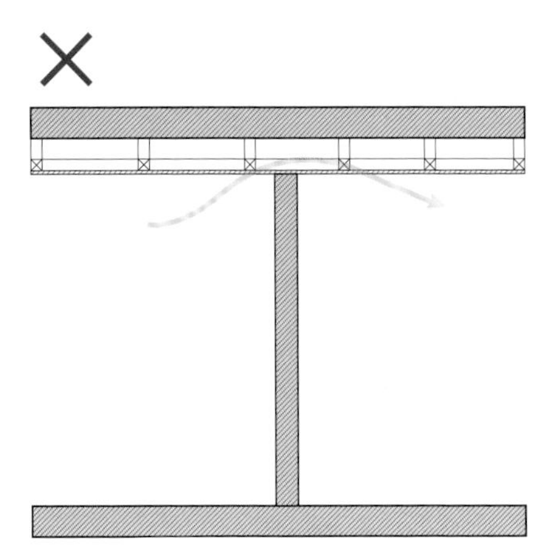

隔间没做到顶，声音容易外传。

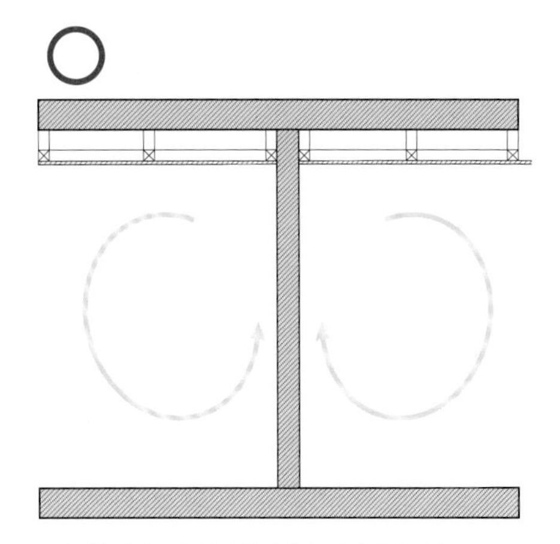

隔间做到顶，有效隔绝室内每个空间的音源。

监工重点

检查时机

封板前检查骨架间距与岩棉填充

- □ 1 岩棉有没有完全填实塞满。
- □ 2 岩棉密度是否与议定相同。
- □ 3 在封硅酸钙板前，也可多封一层夹板。

Chapter 8

批土上漆耐心来，
否则裂痕、凹洞到你家
油漆工程

装修工程进行到油漆部分时，代表空间的整体架构几乎已经完成，油漆能为天花板、墙面及木作表面进行修饰，使空间看起来更漂亮、完整。看似简单的油漆工程，可不只是拿把刷子刷刷墙面就完成了，其中可是大有学问。油漆除了表面装饰的作用，同时也具有保护功能，漆料的选择、刷漆的工法、颜色的搭配都决定了整体空间呈现的质感。

协助审定／阿鸿油漆工程

01 批土随便做，墙面凹凸不平滑

Q1 缝隙没补好，裂痕频出现！

Q2 批土上漆都做了，墙面怎么还是有瑕疵？

Q3 墙面的刷痕很明显，颜色交接处又不直，很难看！

Q4 油渍没处理，上新漆还是盖不住！

02 柜体有洞没补，木皮起皱又不平

Q5 木柜表面不平整，师傅说是天气问题！

Q6 柜体表面有明显裂痕，甚至柜内还有凹洞！

01

批土随便做，墙面凹凸不平滑

我踩雷了吗？

缝隙没补好，裂痕频出现！

家里是轻隔间墙，才装修完没多久墙面就出现直线裂缝，是油漆批土没做好的原因吗？

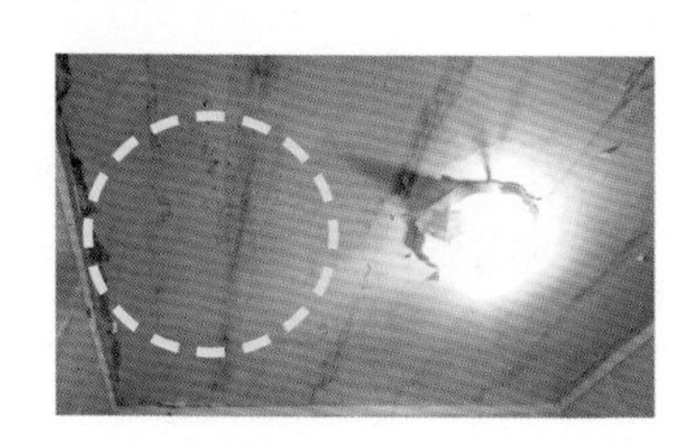

主任解惑

有可能是板材间隙留不够或填缝不到位，产生空隙

现在木作天花板、轻隔间大多是采用硅酸钙板作为隔间的表面材质。为了避免板材与板材之间因为碰撞产生裂痕，会在交接处留出约0.3cm的缝隙，缝隙需使用AB胶填缝并黏着，之后再批土将接缝的地方填平。这样施作的工法，AB胶的弹性可缓冲撞击，同时可解决板材接合处产生裂痕的问题。

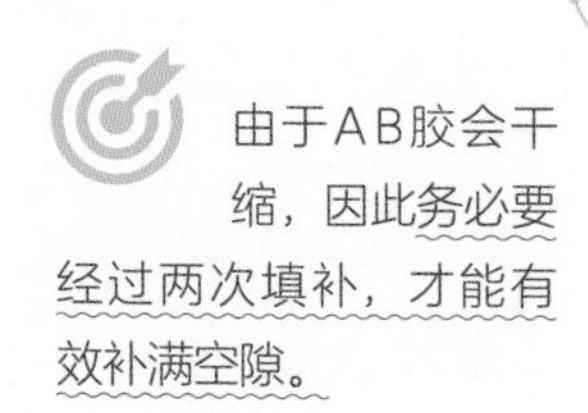

由于AB胶会干缩，因此务必要经过两次填补，才能有效补满空隙。

这样补缝不出错

Step 1 板材之间留0.3cm缝隙

木工在施作天花板及轻隔间时，在板材与板材接合处会留约0.3cm的缝隙，不要让板材直接靠在一起。

在木工施作阶段就要注意板材间隙不要留得太密，否则后续的AB胶填缝会补不进去。

Step 2 以AB胶填缝

板材与板材之间缝隙需使用AB胶来填补，因为胶材会干缩，因此AB胶需上两次。上完第一次AB胶后等待干燥，再施作第二次。

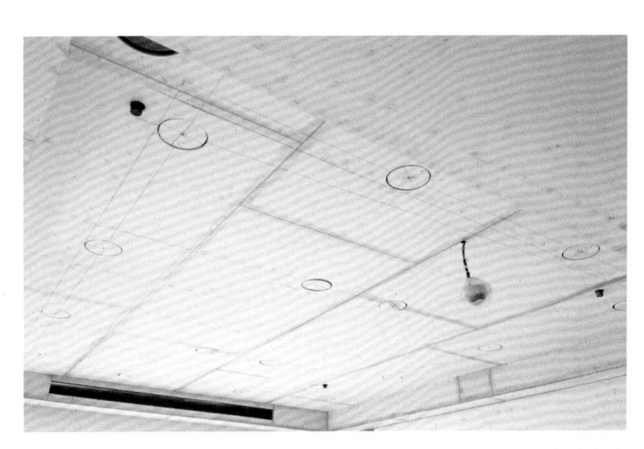

注意第一次填上AB胶后，必须等完全干燥后再继续，否则可能会发生无法填实的情况。

Step 3 贴上抗裂纤维网加强

补完AB胶后，可加上抗裂纤维网加强，再填入第二次的AB胶。抗裂纤维网贴在板材的交接处，可避免地震时的拉力，有效预防裂痕。

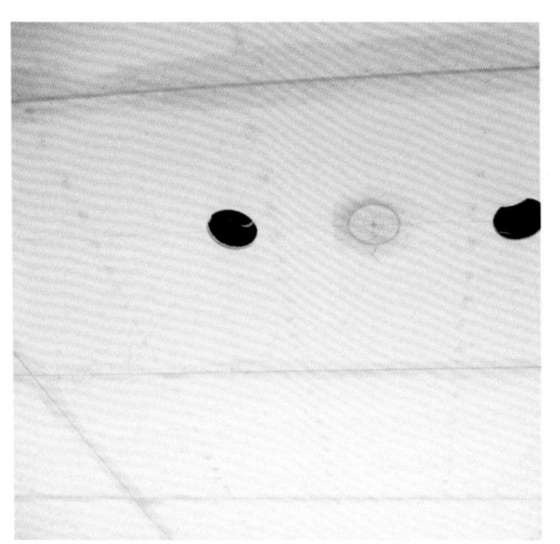

贴上抗裂纤维网可抵抗地震所产生的拉力，避免裂痕。

这样修复不出错

Step 重新补土再上漆

若发生裂痕，以美工刀稍微划开裂痕，让裂缝留出空隙，方便后续的施工，接着再进行补土填平就好。

主任的魔鬼细节

优选 1 务必在板材边缘导角，批土更平整

板材在拼接时都会有些许的高低落差，因此木作在施作时板材边缘必须要削出导角，这样板材间隙在AB胶填缝后，上批土时可以减缓落差，表面修饰平整的效果较好。

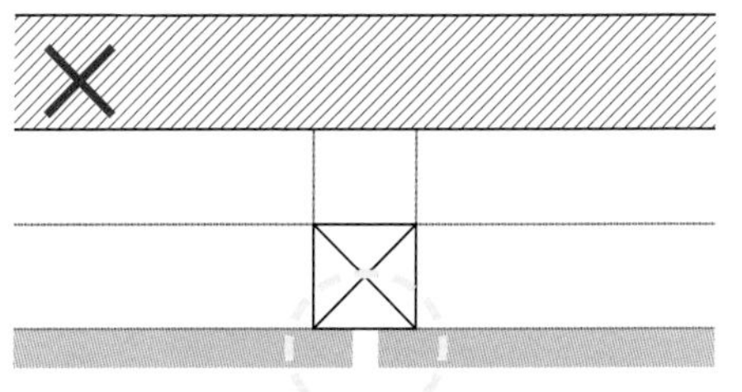

板材边缘为90°，AB胶不容易填入。

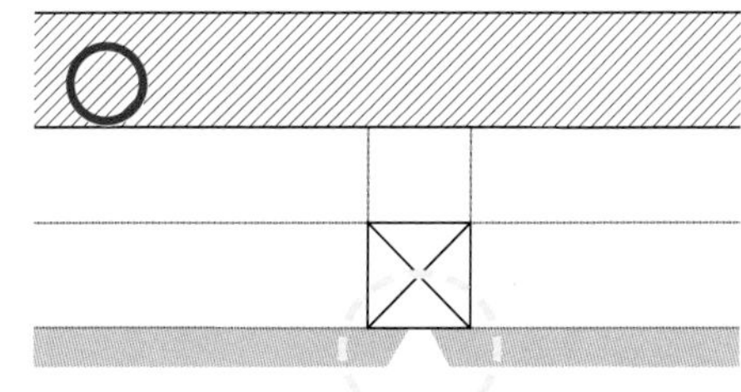

板材边缘削出45°，留出更多空间，方便填缝。

优选 2 AB胶要提早入场，工期才能不拖延

不论是天花板还是隔间，只要有板材拼接的部分都必须施作填缝，施作范围相对较大，需要较长时间，因此一般会在木工快要退场前就让油漆师傅先进入施作，板材边缘削出45°，留出更多空间，方便填缝。

监工重点

检查时机

补完两次AB胶后确认

- □ 1 确认板材间隙必须适中，不能太宽或太窄。
- □ 2 确实补上两次的AB胶，需等第一层AB胶干透后，再上第二次AB胶。
- □ 3 应提早入场施作，确保AB胶干透。

我踩雷了吗?

批土上漆都做了，墙面怎么还是有瑕疵?

油漆工程完工后墙面有凹洞和裂缝，明明油漆师傅说已经上2道漆了!

主任解惑

可能是批土和补土没做好、没仔细检查，才会有凹洞和裂缝

油漆工程最常被拿来讨论的就是要上几道漆、批几次土，其实这个关系到很多层面，除了要看房屋墙面的情况，还要考虑房主的预算及对墙面平整度的要求。如果是新房子，开发商已经做了基本的批土和上漆，但整个施工过程难免会弄脏墙面，一般都会建议再上一次漆，但要求到多细致平滑就要再依需求考虑。老房子因为年久失修，墙面可能问题比较多，例如裂缝、掉漆或凹洞等，在上漆之前一定要先检查，用树脂补满裂缝，并仔细批土填补凹洞。

墙面平整度除了看批土的技术和次数外，一开始的泥作打底就要尽量做到平整，否则事后批土再多次也难以挽救。

这样上漆不出错

Step 1 检查墙面情况，处理凹洞

先做墙面检查，处理裂缝及凹洞，用具有弹力的树脂填补裂缝，减少日后再裂开的机会。

填补原有凹洞和裂缝。

Step 2 全室批土、补土

处理完墙面裂缝后就要进行批土来填平凹洞处，批土工作可先由主要较大的坑疤区做起，通常批两道土的墙面平整度较好。全室批土完成后再用机械打磨，并清洁墙面上的粉尘。

批土最好2道以上，这样墙面才较为平整。

Step 3 完成家具上漆后，再进行墙面底漆

墙面打磨后，接着就先进行柜体、门板等其他需上漆的家具，完成家具上漆后再施作墙面。

墙面上第1道底漆，无论是手刷涂漆还是选用其他工法，专业的油漆师傅通常在底漆部分会选择用喷漆方式，主要是可以节省不少工作时间。

墙面涂上第1道底漆。

Step 4 打灯检查墙面，进行修补、打磨

此步骤的检查最重要，若想让墙面尽量平整没有凹洞，上完底漆后必须用工作灯由侧面打光照射，由各角度来检查墙面是否已经够平整。若仍有凹陷状或呈现波浪状的光影，则需要再次批土并打磨。要注意，这也是容易被省略偷工的环节。

打灯才能确实注意到是否有凹陷的情况。

进行打磨。

主任的魔鬼细节

优选1 AB胶干透后再进行批土

两道AB胶上完后需等待胶完全干燥后，才能进行下一步骤。批1道土再全面满批1道以整平表面。若只批1道，等AB胶干缩后会容易产生凹痕，必须再多批1次土。

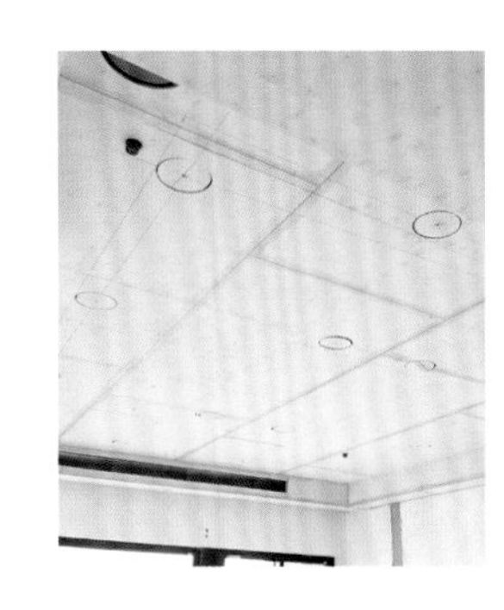

优选2 直接全面补土并加入色料，方便检查补土范围

为了看清楚补土的位置，通常会加入色料区别，方便检查是否充分补土。较建议全面补土，虽然花费的时间较多、费用较高，但较能保证表面的平整度。

监工重点

检查时机

进行补土后确认

- □ 1 批土后，用手触摸确认平整度，建议可环绕室内一圈。
- □ 2 间接照明或者其他安装灯光的地方，接缝及批土要仔细确认，否则在灯光照映下会使不平的地方更明显。
- □ 3 打磨的粉尘很多，一定要先将灯具开孔盖住以及空调包好，以免粉尘进入。

我踩雷了吗?

墙面的刷痕很明显，颜色交接处又不直，很难看!

刷完漆发现有些区域的刷痕很明显，底下的颜色还透出来。不仅如此，两面墙用不同颜色，结果交接处颜色没涂好，歪歪的!

主任解惑

遮蔽胶带没贴好，又只上一层面漆，才会发生这样的问题

上漆时，在门窗、天花板与墙面等交接的地方都会先贴上遮蔽胶带。要特别注意胶带是否贴好，这样在施作时才能确保上漆的线条是笔直的。另外，刷痕的问题，大多是因为面漆只上一层，或是面漆过于浓稠，才让刷痕变得明显。建议乳胶漆和水泥漆要加水稀释后再上漆，并刷两道以上面漆。

选用的刷子刷毛也会影响到刷痕，一般用较好的羊毛刷，能减少刷痕。

这样上漆不出错

Step 1 上漆前，先贴上遮蔽胶带

在门窗四周、天花板和墙面的交接处贴上遮蔽胶带，要注意胶带是否贴直。

Step 2 上两道以上的面漆

涂料使用前要以搅拌棒依同一方向充分搅拌均匀，使上下漆料不会有色差。最后，面漆常会上两道以上，可避免厚薄不一，也可让色彩较饱满。

建议面漆至少要涂两道，较能呈现均匀又饱满的颜色。

主任的魔鬼细节

优选 乳胶漆或水泥漆加水稀释不是偷工减料，而是要减少明显刷痕

最后上乳胶漆或水泥漆时，建议可以将漆料加水稀释，不要太浓稠，让上漆时刷动较滑顺，可减少刷痕的产生。但要注意不能加太多水，以免漆膜太过稀薄容易透出底漆。另外，刷子是手刷漆工法的灵魂，一般来说有猪毛刷、羊毛刷，羊毛刷细致度较好，手刷墙面的刷痕也较不明显。

监工重点

检查时机

上漆前注意

- □ 1 确认漆料保存期限，避免使用过期漆，并检查使用的涂料品牌与等级是不是当初商定的。
- □ 2 施作油漆前必须先帮家具做好保护措施，窗框、门板四周用遮蔽胶带贴覆，避免沾染到油漆，并确认墙面交接处的胶带是否笔直。
- □ 3 漆料加水稀释，并确实涂两道以上的面漆。

我踩雷了吗？

油渍没处理，上新漆还是盖不住！

我家客厅有烧香，长期下来墙面被熏得黄黄的，重新装修想省钱，不动天花板只重新上漆，但上完漆没多久墙面就有类似油渍浮出来，到底怎么回事？

主任解惑

要用油性漆覆盖才有效

客厅有烧香的习惯或者厨房炒菜油烟都会使天花板、墙面被熏黄，如果不先处理油污问题直接上漆，焦油会穿透吐色出来，造成批土与油漆无法附着。因此，打磨处理油污，批土后再上一层白色油性漆打一次底，将焦油封住，再来做后续面漆处理。要注意，一定要先用油性漆，才能有效覆盖原有污垢。

除了熏香造成的油污之外，其余例如贴覆壁纸等墙面问题都要先处理干净，才能进行后续的上漆。

这样修复不出错

Step 1 处理油污，补批土后上油性漆

先上一层白色油性漆打底，盖住油烟熏黄的墙面。

一定要上油性漆才能有效遮盖油渍。

Step 2 上面漆

用油性水泥底漆隔离油烟形成的焦油后，若墙面有不平整的地方，先进行批土、打磨，接着就可上面漆修饰。

有凹洞、裂缝等区域，要先批土整平后再进行后续的步骤。

监工重点

检查时机

处理完油污上面漆前

- □ 1 注意使用的漆料材质，必须选择油性漆打底。
- □ 2 事前处理其余的墙面问题，将壁纸、报纸等刮干净，让墙面平整。

02

柜体有洞没补，木皮起皱又不平

我踩雷了吗？

木柜表面不平整，师傅说是天气问题！

油漆师傅似乎因为赶工，木作喷漆很快就完成，完工后木皮表面竟然有起皱的现象，师傅说是连日下雨湿度太高造成的，真的是这样吗？

主任解惑

可能是喷漆没有彻底干透就进行下一道工序，让木皮起皱了

木作喷漆时要注意每道涂层必须彻底干燥才能再涂下一道漆，温度过低（接近冰点）或湿度过高时，就需延长干燥时间，让漆料充分干燥。如果喷涂时间间隔过短，导致涂层未干燥硬化时就涂下一道，木皮表面就可能会有反白、起泡、起皱等现象。

下雨天通常会延长油漆工程的时间，这是因为湿度较高情况下，漆料干燥的时间也会相对拉长，因此上漆时一般会尽量避开雨天。但若有限定工期的问题，则可能会发生减少工序或未干燥就上漆的情况。

这样施工不出错

Step 1 检查木作表面，先打磨再染色

先检查喷涂表面是否有脏污，先初步打磨整理干净，确保表面平整，同时也能帮助漆料吃色，然后再开始进行木皮染色工程。

经过打磨工序，有助于上色。

Step 2 木皮染色后，等待干燥

当木皮上漆染色后，需等待一段时间干燥，一般会尽量避开下雨天来施作，以免拉长干燥时间。

染色木皮等待干燥。

Step 3 喷涂底漆

确认染色完全干燥后，开始第1道底漆喷涂，确认底漆完全干燥后，开始全面打磨平整，并再上一次底漆。

主任的魔鬼细节

优选 完成木作喷漆后，贴上保护再进行其他油漆工程

确认木作面漆完全干燥后，进行保护工程，将已施工完的木作完全包覆，避免进行其他油漆施工时被污染。

木作完成喷漆后，要贴上保护措施。

监工重点

检查时机

木作喷漆时检查

- □ 1 注意喷漆漆面是否均匀，不能有垂流现象。
- □ 2 如果漆面有反白、起泡、起皱等现象，要重新处理。
- □ 3 柜体要留意底边等细节部位是否上到漆。

我踩雷了吗?

柜体表面有明显裂痕，甚至柜内还有凹洞!

验收时，发现柜体表面有明显的裂痕，门板还粗糙扎手，还有破洞没补，这是偷工减料吗?

主任解惑

打磨时没仔细检测，没做好补土和细磨，才会有裂痕问题

在上漆的过程中，首先木作门板也要和墙面相同，裂痕处要补土填实，整平门板表面，再进行后续的上漆过程。补土完成后，就可以开始上底漆并打磨，要注意的是打磨时需要灯照检测，并使用细砂纸手工细磨，让木作表面更为细致，才不会有扎手的问题。

若想木作表面变得细致，一定要选择号数小的细砂纸再打磨，不能选用较粗的砂纸，否则会留下刮痕。

这样修复不出错

Step 1 门板有裂痕，要先进行补土

木作门板的裂痕和凹洞，以补土填实。

运用不同色系让补土的区域更为明显，借此分辨凹洞和裂痕的区域。

Step 2 喷涂底漆后以机具打磨，反复三次

全面打磨后开始进行2~3道底漆喷涂，并在每一次喷完底漆后，再进行打磨，让木作表面更平滑。

Step 3 以灯照检测，再以砂纸细磨

待底漆完全干燥后进行细砂纸细磨处理。均匀细磨后再喷涂面漆，总共需喷涂三道。每次间隔需再做更细致的打磨，可以使木纹纹理更清晰，同时也能让表面平滑。

所有可以用手摸得到的地方都要用砂纸打磨，以防粗糙。

监工重点

检查时机

木作喷漆时检查

- □ 1 注意门板表面是否加上补土，可观察表面是否有裂痕和凹洞。
- □ 2 注意木作层板、门板的表面和背面，都要以细砂纸充分细磨，可用手触摸确认。

Chapter 9

设备安装不仔细，油烟、漏水入全屋

厨卫工程

厨房和卫浴虽然是家里的小空间，却是包含很多生活功能的地方。厨卫除了基本的水电、泥作工程之外，还有设备工程，施工应注意不同工序的衔接安排。厨房主要是橱柜、三机的安装及电器设备的配置，因此电器设备的事前规划很重要，这部分涉及厨房的电力配置，同时在使用安全且符合使用者需求的原则下，要能创造流畅的下厨动线。

卫浴工程包括面盆、马桶、浴缸、淋浴等设备安装，这些都涉及水的处理，冷水和热水给水、排水口径以及管道距离等都要考虑周详并仔细处理，才不会造成使用上的不便。由于卫浴是家中用水最频繁的地方，也是最常发生漏水的区域，施作防水是卫浴工程中重要环节之一。

协助审定 / 御厨名店、昌庭建材

01 排烟、排水管线位置不妥当，油烟乱蹿又淹水

Q1 排烟管拉太远，满屋子都是油烟！

Q2 厨房装了空调，但怎么都没吹到风？

Q3 厨房排水没接好，上面堵水地面淹水！

02 马桶、浴缸要装好，使用舒适不漏水

Q4 卫浴很小，连马桶的位置都很挤！

专题 符合人体工程学的卫浴设备配置

Q5 浴缸内部没清干净，水排不掉！

01

排烟、排水管线位置不妥当，油烟乱蹿又淹水

Q1

我踩雷了吗?

排烟管拉太远，满屋子都是油烟!

厨房在更改装修后，装排油烟机的位置调整到离排风口较远的位置，机器用一阵子以后，发现吸力越来越弱，现在每次炒完菜满屋子都是油烟，怎么会这样?

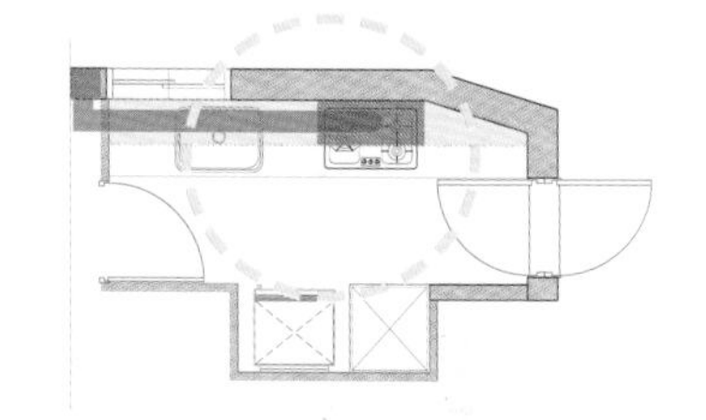

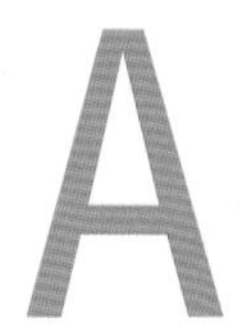

主任解惑

有可能是风管拉太长，排烟力道减弱

排油烟机的排风效果除了考虑品牌、机型之外，机体及排风管安装的位置也是影响排油烟的重要因素，排烟管的作用会随着管子的长度降低。因此一旦调整排油烟机的位置，就要注意风管长度不可超过5m，若超过5m需再加装中继马达，并且使用PVC硬管材质，才能维持一定的排风效果。另外，建议避免缩小管径，且风管尽量不要弯折，否则可能造成油烟在管内转弯处累积，导致排油烟力道降低。

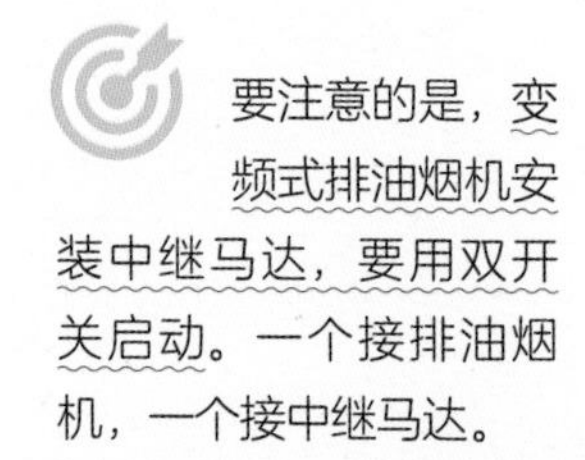

要注意的是，变频式排油烟机安装中继马达，要用双开关启动。一个接排油烟机，一个接中继马达。

这样施工不出错

Step 1 确认排油烟机位置及风管路径

在规划配置排油烟机时，要注意不能离排风口太远，以免排风管拉太长，影响排风效果。

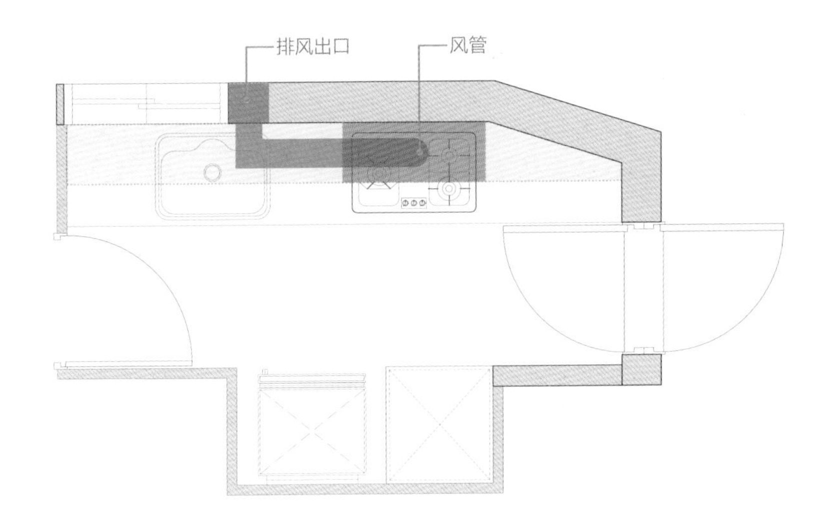

Step 2 固定排油烟机

不同的厂牌型号有不同的安装方式。一般来说，可利用L形铁片和螺丝将排油烟机固定于橱柜内。

用L形铁片和螺丝固定排油烟机。

Step 3 安装风管。长度较长，要改为PVC硬管

风管安装时要注意不可压折管径，避免产生回压的问题。若重新更换排油烟机，旧风管也要一起拆掉，重新安装的风管能维持较好的排油烟效果。另外，若厨房改位置，风管路径较长，应使用PVC硬管。这是因为原来的铝管材质较软，容易出现下垂的问题，油烟就因此堆积在下方，油垢囤积久了可能会因太重而发生管道破裂的情况。

若排烟风口较近，风管直接用铝管材质。

铝管的距离一旦拉长，会有下垂问题，导致管内油垢堆积。

风管路径较长，建议改成PVC硬管。

主任的魔鬼细节

优选1 风管与墙面交接处要用PVC硬管

更换风管位置时，风管若要穿透墙面，墙面需洗洞，且风管要全面采用硬管施作，这样水泥砂浆凝固时才不会挤压到风管。

风管与墙面的交接处要用PVC硬管，避免被挤压变形。

优选2 排烟管折成U字形，使用越久麻烦越大

在拉排烟管时有可能遇到需经过天花梁的情形，这时排烟管千万不要顺着梁折成U字形，因为时间久了油污会堆积在U字形的底部，会造成管线下沉，若油烟被堵住排不出去，也会导致机器故障。因此，可制造假梁包覆，让风管下降到梁下距离后就走直线出去，以免造成日后维修的麻烦。

监工重点

检查时机

安装完成后开机测试功能

- □ 1 排油烟管距离尽量不要超过5m。
- □ 2 排油烟管避免2个以上的弯折。
- □ 3 旧机换新机，一定要重新安装风管。

我踩雷了吗？

厨房装了空调，但怎么都没吹到风？

夏天做饭很热，做完以后就满头大汗，可以在厨房装空调吗？会不会影响排油烟的效果？

主任解惑

应该是冷气位置不对，冷风被排油烟机吸走

厨房里适不适合装空调，首先要了解几个问题。由于排油烟机属于局部排风设备，如果排油烟机吸力很强，冷气一出风马上就会被吸走，反而没达到制冷的效果。因此要从门窗的缝隙补风进来，使厨房达到通风平衡，安装时空调和排油烟机要分别装在同一墙面的左右两侧，当冷气从左吹过来，排油烟机在右边，就不影响排油烟机的工作。

如果是吊隐式空调，可以从主机接出风口进到厨房，回风口则要安排在其他空间，才不会互相干扰。而空调室外机最好不要装在排油烟机的出口附近，如果不得已，则最少要离1m以上，以免油烟影响室外机散热效果。

除了安排空调位置外，在炒菜时，建议关空调。若不关空调，油烟会从回风口回去，使得冷排囤积油烟，所以建议每2个月要清洁室内机，避免油垢附着。

这样施工不出错

Step 1 配置空调和排油烟机位置

不论是吊隐式还是壁挂式空调，出风位置要和排油烟机交错，需置于空间同一侧，避免被排油烟机吸走的问题。若为吊隐式空调，则要将回风口放到别的空间，否则会吸入油烟，造成空调管线内部残留油污的情况。

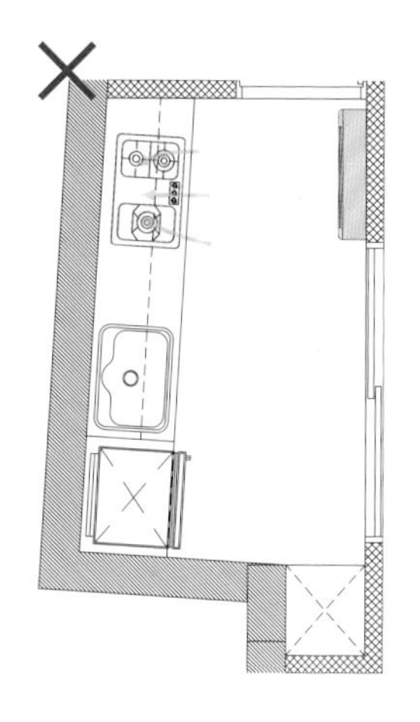

空调和排油烟机相对。冷风马上被吸进排油烟机里，厨房不会有制冷效果。

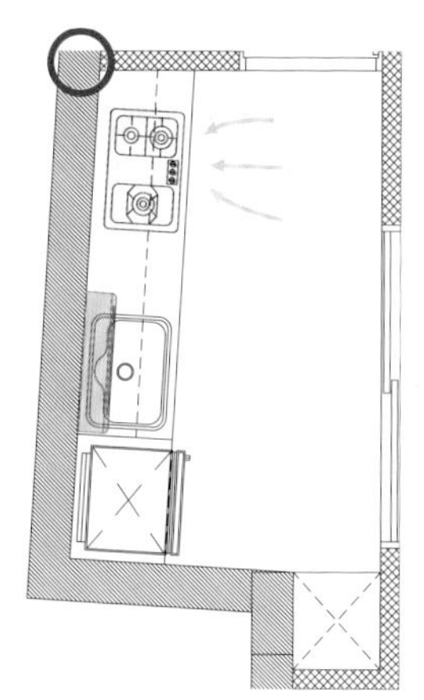

空调和排油烟机在同一侧。冷风不会马上被吸走。

Step 2 若有需要，可加上补风设备

若空调和排油烟机可安排的位置有限，会造成冷风马上被排油烟机吸走的情况时，可在排油烟机的附近加上补风设备，注入室外空气，有效维持室内制冷效果。

监工重点

检查时机

规划平面图时，确认空调配置位置

- □ 1 确认空调和排油烟机的位置不可正面相对。
- □ 2 吊隐式空调的回风口要离排油烟机远一些，最好设在其他空间。

我踩雷了吗？

厨房排水没接好，上面堵水地面淹水！

上个月洗碗的时候发现排水的速度变慢，最近水竟然从地板的排水孔冒出来，而且还油腻腻的，现在洗碗时都要小心翼翼开着小水流慢慢洗，怎么会这样？

主任解惑

可能是排水管堵塞或管线衔接不良造成的

厨房水槽的排水管通常和地板排水管汇集到同一条污水排水管，因此水槽水管如果有堵塞的情况，加上使用时水压的冲力，地板排水孔就会跟着冒水。在拉厨房排水管时要注意接管的方式，地板排水管建议“逆接”，由于水流是不断向管道间往前流，因此刻意将地板排水管以逆水流的方式衔接，可以预防污水回流，而水槽的排水孔和地面排水孔距离最好拉远一点，能避免水从地面排水孔冒出。

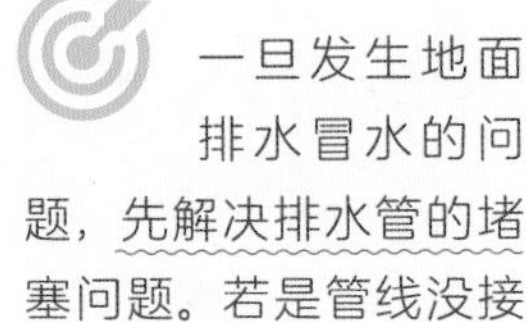

一旦发生地面排水冒水的问题，先解决排水管的堵塞问题。若是管线没接好造成的，就必须打凿地面，重新配置管线。

这样重新配管不出错

Step 1 放样定位、切割打凿

铺设给排水管需事前放样定位，确认打凿的位置，先切割再打凿，降低打凿的破坏度。

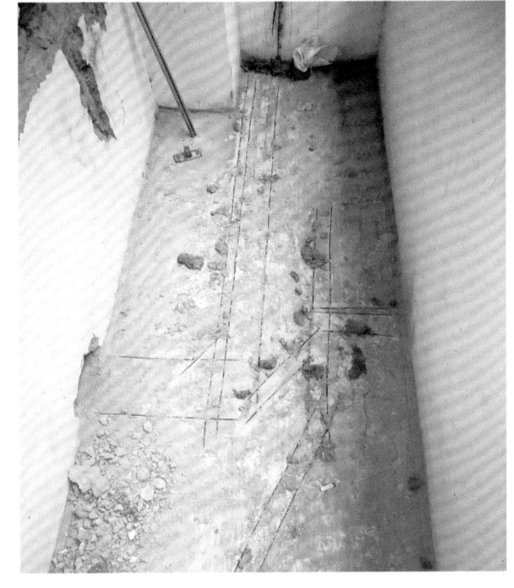

在地面切割出给水管和排水管的位置。

打凿。凿出埋入管线的深度。

Step 2 铺设排水管

排水管注重的是排水是否顺畅，铺设时以水平尺确认是否有一定的泄水坡度，若遇转角需避免90° 接管，否则会在转角处卡污，难以清理和顺畅排水。

排水管的转角处一定要避免90°，以免发生堵塞情况。

Step 3 逆接厨房地排

厨房水槽排水管先接一段软管，然后再接到墙壁排水管。地板排水管则以逆水流的方向衔接，并与水槽排水管保持一定的距离。若距离太近，有可能会发生回流问题，导致地面排水孔冒水。

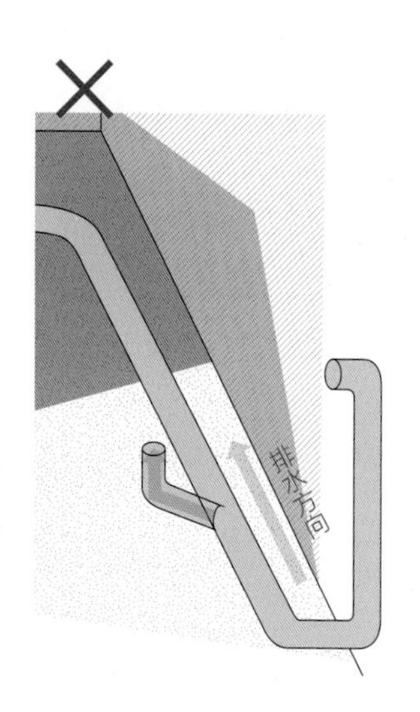

地板排水管与水槽排水管顺接。水槽排水管如果有水流入，水就会很容易从地板排水管冒上来。

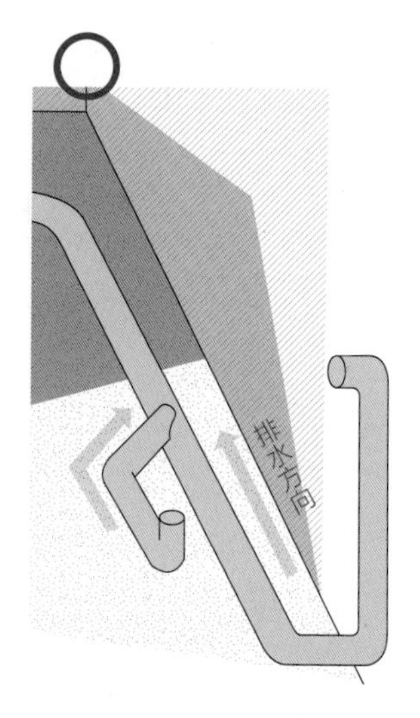

地板排水管与水槽排水管逆接。水不会回流到地板排水口。

主任的魔鬼细节

优选 1 不设地排，可以加装漏水断路器

现在有些新式大楼已经不设置地面排水孔，一方面可以防止蟑螂从排水孔出没，另一方面也减少污水从地面溢出来的机会。如果担心漏水或淹水问题，可以在水槽底下装漏水断路器，当设备漏水时底部海绵因为吸水而膨胀，然后将进水口塞住，停止水源继续流出，简便安全。

优选 2 排水管多留一截，从柜内露出方便维修

橱柜内部的排水管，不论从墙面出管还是从地面出管，建议都多留一截，在柜内露出，一旦发生漏水，打开柜子就能维修。

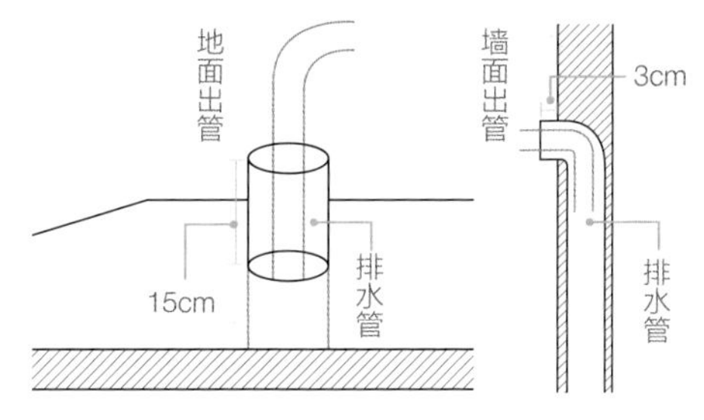

排水管露出柜内，较容易看到漏水点，方便维修。

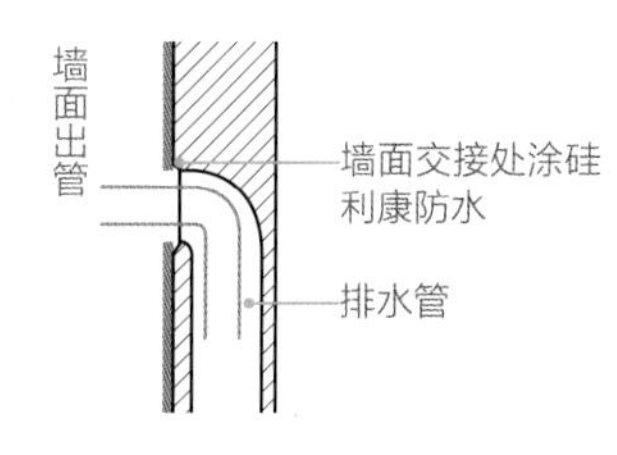

若排水管藏于墙内，一旦发生漏水，会直接渗进水泥砂浆，因此管壁出口边缘要涂上硅利康防水。

监工重点

检查时机

铺设水管后在泥作工程前检查管线

- ☐ 1 将硬管接至柜内露出，方便日后维修。
- ☐ 2 注意排水管泄水坡度是否足够。
- ☐ 3 地板的排水孔与水槽排水孔距离不要太近。

02

马桶、浴缸要装好，使用舒适不漏水

我踩雷了吗？

卫浴很小，连马桶的位置都很挤！

每次上厕所时都觉得左右两侧距离很近，很有压迫感，难道这就是小浴室的宿命吗？

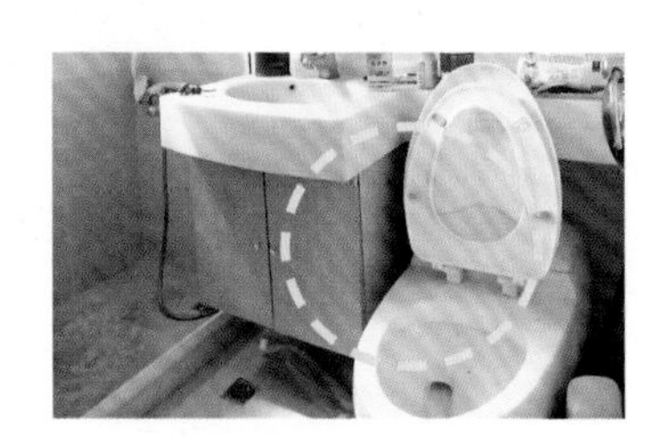

主任解惑

马桶粪管中心点两侧至少要各留出35cm以上宽，才会感觉较为舒适

在安排卫浴设备前，要先做好空间配置，规划好管线的位置，再根据卫浴空间的大小及个人喜好需求选择设备。卫浴空间设备的重点物件一般有洗脸盆、马桶、浴缸或淋浴设备，即使卫浴空间不大，安排时仍要考虑到人体工程学，使用起来才会感到舒适。安装马桶位置要以粪管为中心，从粪管中心到两侧的距离最少一定要各有35cm，建议最好35cm以上，使用时才不会有压迫感。

配置卫浴动线时，若马桶与洗手台相对，至少要留出60cm，让人可以通过；马桶不要离墙太近，从马桶侧边到墙面的距离至少要有20cm。

这样配置不出错

Step 1 空间配置规划

先规划卫浴空间整体配置，确认设备位置才能安排管线出口。

Step 2 确认设备规格尺寸

粪管的管径尺寸不一，必须注意是否与马桶规格相符合。另外，在配置马桶位置时，需以粪管为中心至两侧距离至少各要35cm才行。

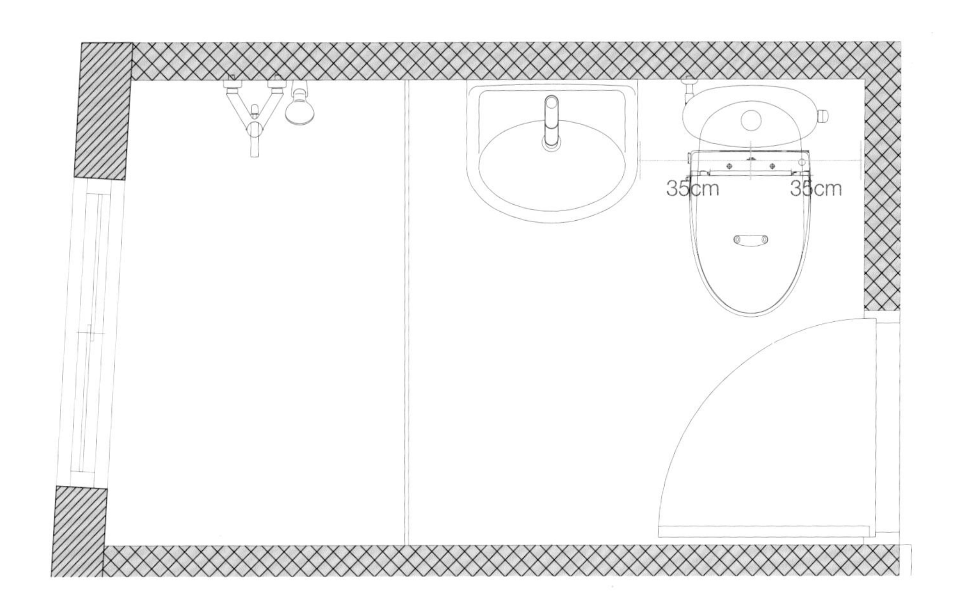

Step 3 选择符合需求的设备

依照个人喜好空间条件选择马桶，如果空间太小建议选择小一点的马桶，务必留出舒适的使用距离。

主任的魔鬼细节

优选 利用偏心管稍微移动马桶，但千万不要移太远

安装马桶的距离是以一般人平均肩宽60cm为基准来设定，以粪管为中心到墙壁距离有35cm以上较佳，如果位置真的不够，可以利用马桶移动专用的偏心管稍微移动马桶位置，但不建议粪管离太远，建议5cm以内，否则就要垫高地面，才能有足够的泄水坡度。

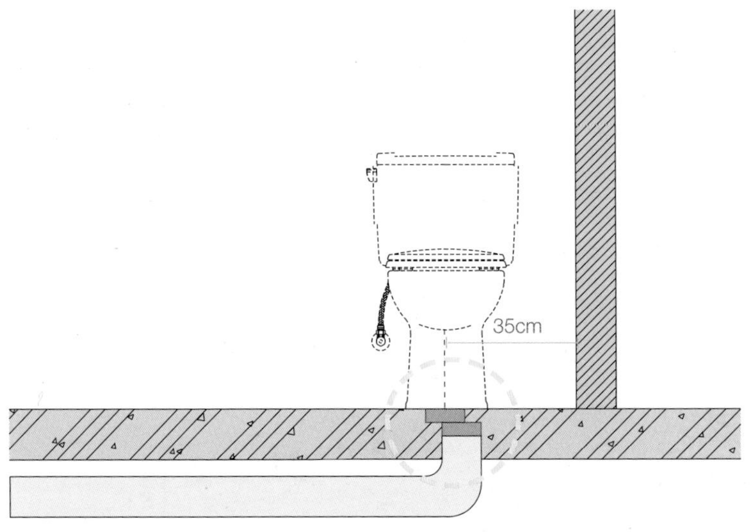

马桶移位不远的情况下，可使用偏心管，争取粪管中心至少离墙35cm的舒适距离。

监工重点

检查时机

水电配管后泥作进场安装前，确认设备的位置和尺寸

☐ 1 事前确认马桶规格与粪管尺寸是否相符。

☐ 2 安装马桶的位置左右距离要足够。

☐ 3 马桶移动距离不能太远，要确认与粪管的衔接是否到位。

符合人体工程学的卫浴设备配置

在配置卫浴设备时，需留出适当动线，必须符合人体工程学的尺度，人在内部活动才不显压迫。

Point 1 ▶ 洗手台前方需留出60cm以上的走道

一般来说，一人侧面的宽度为20～25cm，肩宽为52cm，若洗手台前方为走道，建议前方需有60cm以上。若是一人在盥洗，一人要从后方经过，则需留出80cm以上。

Point 2 ▶ 马桶两侧要留出35cm，前方要留出60cm

马桶面宽为40～55cm，由于人是走到马桶前转身坐下，因此马桶前方需留出60cm的回旋空间，两侧则要有35cm以上，起身才不觉得拥挤。

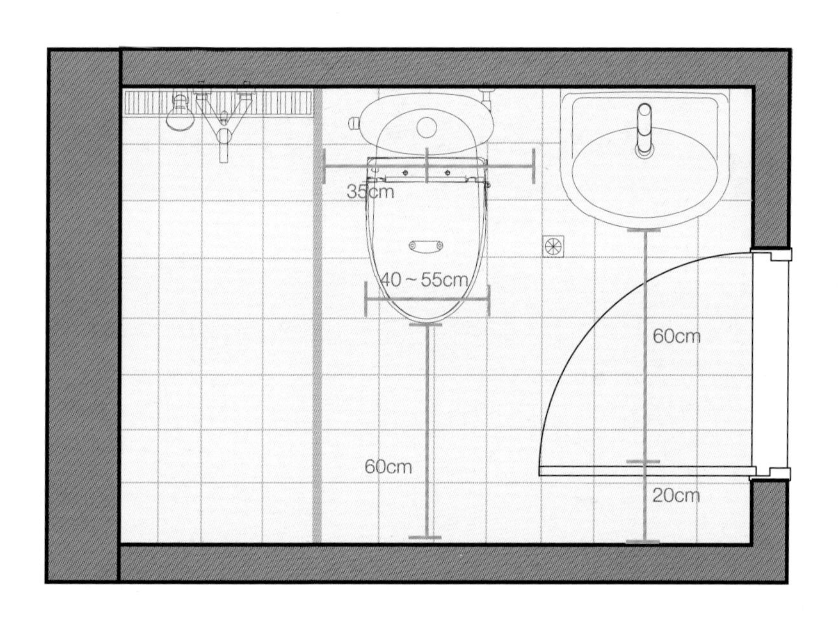

我踩雷了吗？

浴缸内部没清干净，水排不掉！

主卧浴室安装了梦寐以求的浴缸，但没多久浴室外侧的墙面摸起来都有点潮湿，有些地方油漆还有浮起的现象。结果拆开浴缸来看，发现内部有泥沙未清又有淹水，怎么会这样？

主任解惑

这是因为浴缸内部泥沙没清干净，挡住泄水通道，才会造成淹水

浴缸和淋浴间是卫浴空间中最常接触到水的位置，因此做好防水是必需的。在施作浴缸区时，有些师傅往往因为贪图方便，未先清理内部的碎石或泥沙，就直接放入浴缸。如此一来，即使地面做好泄水坡度，还是有可能因为泥沙堵住，而无法让水顺利排出，造成淹水的情况。时间一久，不但将防水层泡坏，墙面也会因为吸水产生壁癌。

安装浴缸时，要注意浴缸排水管必须放好。当管线放入地排时，位置不要塞满，要留出一些空间，以防地面有水，让水可以顺利排出。

这样施工不出错

Step 1 施作泄水坡度，并进行防水

在安装浴缸的地面做出泄水坡度，让水往排水孔方向流，并在阴角边加不织布加强。用水平尺确认泄水坡度后，再涂上防水层。

浴缸区泄水坡度做完后，涂上防水层。

Step 2 安装浴缸和排水管

由于当人踩入浴缸时会有重量，为了避免浴缸移位，装设浴缸时会在地面砌砖，接着将浴缸放在砖上，再以水泥砂浆固定，不仅有效固定浴缸，也能垫高浴缸高度，入浴时才不会觉得低矮。

浴缸排水管套入地排。注意浴缸的排水管要调整好位置，同样要留意泄水角度的问题，让水能顺利排出。

安装好浴缸后，调整排水管的角度。

Step 3 清理浴缸区内部的碎石或泥沙

先清好内部的碎石，避免阻挡泄水通道，接着将砖砌满。

内部清理干净后，再砌好浴缸。

Step 4 浴缸外侧打底、涂上防水层

砌完砖后，浴缸外层粗坯打底，并涂上防水层，加强防水。

建议防水层的范围从浴缸外侧延续至地面较佳。

主任的魔鬼细节

优选 1 砌砖浴缸加不锈钢，一劳永逸防漏水

如果不买现成的浴缸，直接以砖砌出浴缸，例如日式泡汤池经常是这样的设计。由于是砖造结构的浴缸，除了先在施作范围打底、做泄水坡度及施作防水层之外，在砌出浴缸的样子后，直接套入定制的不锈钢箱体，强化防水结构，预防地震造成裂缝和发生漏水的情况。

优选 2 浴缸与墙面的交接处也要做泄水坡度

使用浴缸时，一定会有水溢出浴缸，因此在浴缸四周，甚至和墙面的交接处，以水泥砂浆顺势拉出坡度，让水可以向外流，避免积水。

浴缸与墙面的接缝处用水泥砂浆做出泄水坡度，之后再以硅利康填实，可降低水渗入的概率。

监工重点

检查时机

泥作施作时检查泄水坡度及防水，浴缸未砌满前确认砂石有无清除

- □ 1 用水平尺测量浴缸地面的泄水坡度。
- □ 2 安装浴缸时，注意排水管的摆放位置，并检查浴缸区是否清除砂石。
- □ 3 注意浴缸上缘四周是否做出泄水坡度。

PLUS　清洁工程

粗清

Point 1 ▶ 粗清和细清的区别

一个负责任的公司会要求每阶段工程的工班在完工后清理现场，因此在正式进入清洁工程时主要清理装修施工过程中产生的木屑、喷漆粉尘等。一般装修撤场的清洁分为粗清和细清，所谓的粗清指的就是将现场的大型垃圾先回收清除，例如灯具、家电的纸箱等大型包装材，以及初步清理粉尘或施工时残留的水泥块、现场的保护材等；而细清则就必须利用专业的工具打扫，将空间内所有地方仔细打扫干净。

清理木皮、废料等大型垃圾。

拆除养生胶纸时，注意不要撕掉木皮。

Point 2 ▶ 粗清的施工顺序

Step 1　清理大型圾垃

将事先已安装的灯具、家电等包装材、保护板材及施工废料进行清理或回收。要注意的是油漆工程贴的保护材养生胶纸黏性很高，要确认底下没有先贴一层纸胶，否则拆除时很容易将木皮拉起。

Step 2　初步清洁现场

用扫把或鸡毛掸子等基本打扫工具简单地清洁喷漆产生的白色粉末粉尘以及泥作、木作施工时产生的碎屑。

当装修工程进入尾声时，在进家具前，还有一项清洁工程要做。清洁工程主要工作是清理现场，因为施工过程中造成的灰尘、木料屑、喷漆粉尘等，甚至是地板或柜子边角不小心留下的残胶、油漆等，都必须在交房验收前处理干净。

别以为清洁工程只是简单的打扫，其实因为清理的层面很广，需要非常仔细，而且不能弄伤原有装修，建议还是经由专业人士来处理，可以省去入住后还要自己清洁的麻烦，因此现在大多清洁工程也被列在预算中。这里值得注意的是清洁工程的内容包括哪些？有什么注意事项？交房前要仔细检查，最后才可以开心入住。

Point 3 ▶ 若是铺木地板的情况，清洁就要先入场

一般来说，清洁工程会在所有工程结束后再进入，但若是铺木地板时，通常会建议清洁要先入场，先做粗清，将所有的大型垃圾清掉，维持地面整洁后再铺木地板。这样地板下方就不会堆积垃圾。木地板铺设完成后就可以进行细清。

Point 4 ▶ 壁挂式空调试机前，最好先做粗清

装修工程长期下来一定有很多微细灰尘，即使清洁后多少还是会有落尘在空气中会慢慢飘下来，经过粗、细清2次清洁，落尘量会比较少。要留意的是，壁挂式空调室内机大多会在油漆工程快结束时安装，安装完成后一定要做包覆保护。

夏天通常会在细清时测试空调，程序上会在上午先细清周围粉尘，下午拆除保护，再试制冷功能和有没有漏水。要测试空调，建议最好先有粗清，避免过多粉尘影响制冷效果，如果没有粗清就等细清完成安装窗帘后再试机。

可在上午做完壁挂式空调的清洁后，下午进行空调试机，才不会吸入过多粉尘。

细清

Point 5 ▶ 细清程序，由天花板开始

基本上清洁工程的顺序多数由上而下、由内而外，因此一般先从全室天花板除尘开始，再处理墙面及柜面，最后才来打扫地板。

Point 6 ▶ 细清时，只要房主有可能会碰到的地方通通都要清理

到了细清阶段，基本上专业的清洁工班都会将空间打扫得很干净，但有些地方还是容易被忽略，例如天花板的维修孔、空调滤网、间接照明沟槽、电源开关箱、灯具上方以及阳台木栈板下方、落水口等都要检查，任何可拆卸、房主将来可能会碰触的部分都要清理干净。另外，还有装修一开始安装给工人清理工具的沉淀箱，也要将污泥倒在麻布袋一并清走，才算清理完成。

清理窗框玻璃。不锈钢铁窗若有锈迹，要用去锈剂处理。

Point 7 ▶ 细清必须利用专业的工具打扫

专业清洁人员会针对不同建材运用不同的工具和清洁剂来清理，例如大理石或抛光石英砖地板要用洗地机及吸水机处理，玻璃部分要用专用的刮刀、小黄刮刀，才不会刮伤玻璃表面。另外，大理石怕酸，容易氧化，因此不能使用酸性清洁剂，而且天然大理石有毛细孔，所以只要有颜色的液体一沾上去毛细孔马上吸收吃色。遇到这种情况，用过氧化氢来清洗，可以恢复原色。因此请设计师推荐值得信任的专业清洁人员比较有保障，如果是自己找，最好能先确定负责清扫的人员是否具有专业知识，才不会损伤现场建材。

拆卸纱窗，清理窗沟。

Point 8 ▶ 处理施工的残胶水泥

施工过程中难免在柜子边角有残胶，泥作部分有水泥沾到或者被油漆滴到的地方，专业清洁工必须使用一些技巧及专业工具清理，才能确保建材不受损毁。

Point 9 ▶ 清理橱柜等细部

表面看得到的地方清洁完后，开始进行细部清理，包括全屋柜体的抽屉、层板、门板及把手五金。

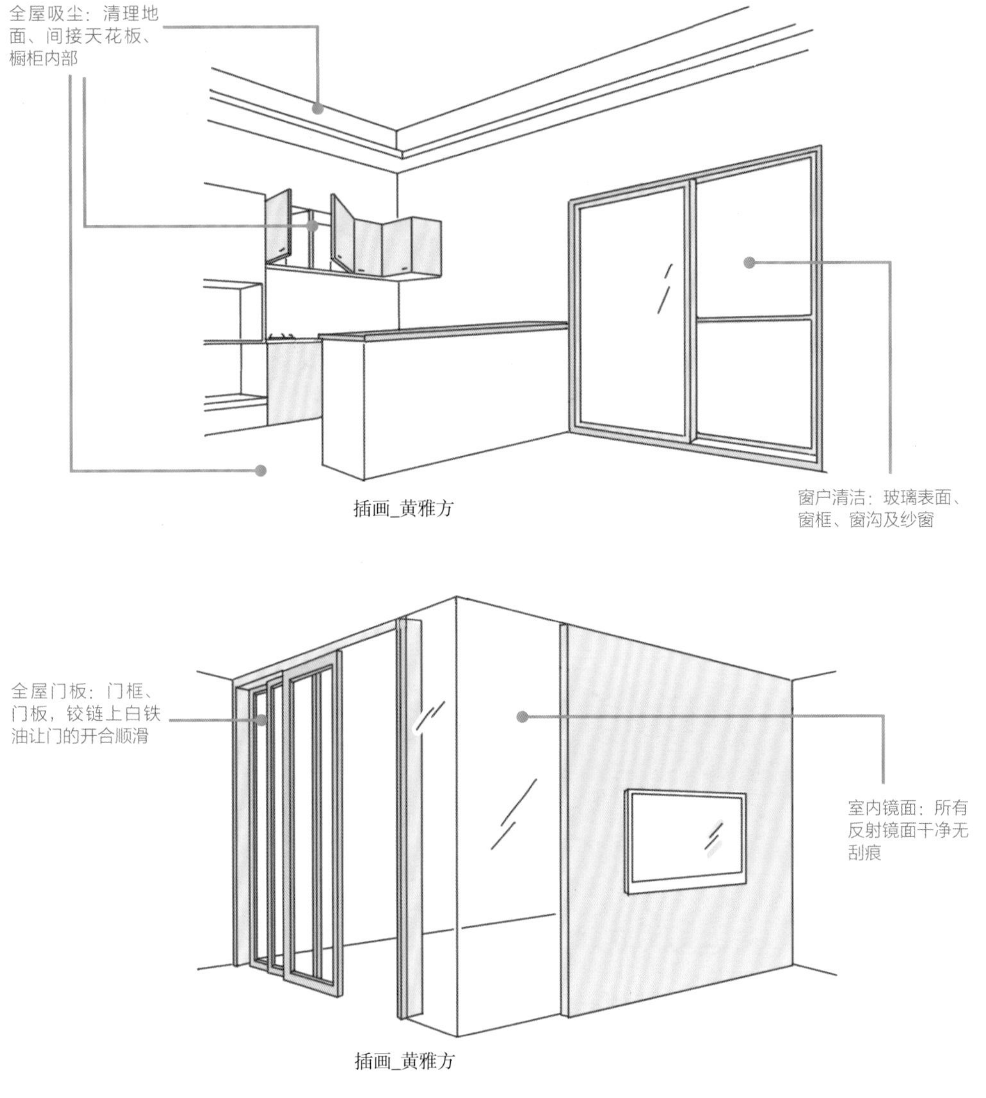

插画_黄雅方

插画_黄雅方

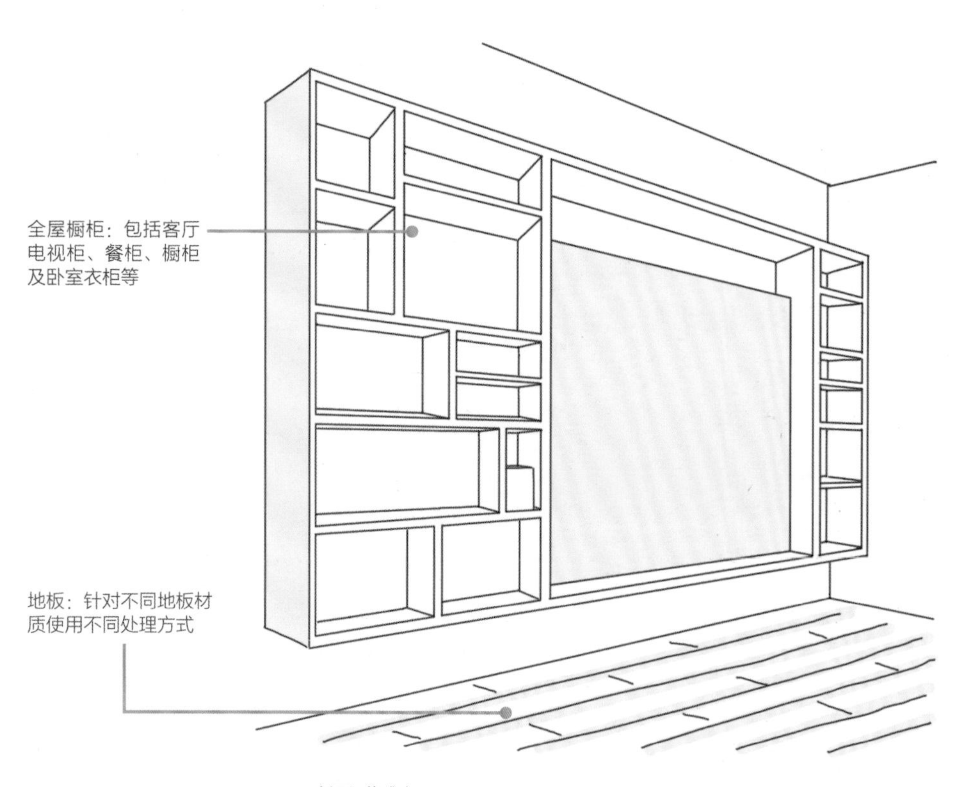
全屋橱柜：包括客厅
电视柜、餐柜、橱柜
及卧室衣柜等
地板：针对不同地板材
质使用不同处理方式

插画_黄雅方

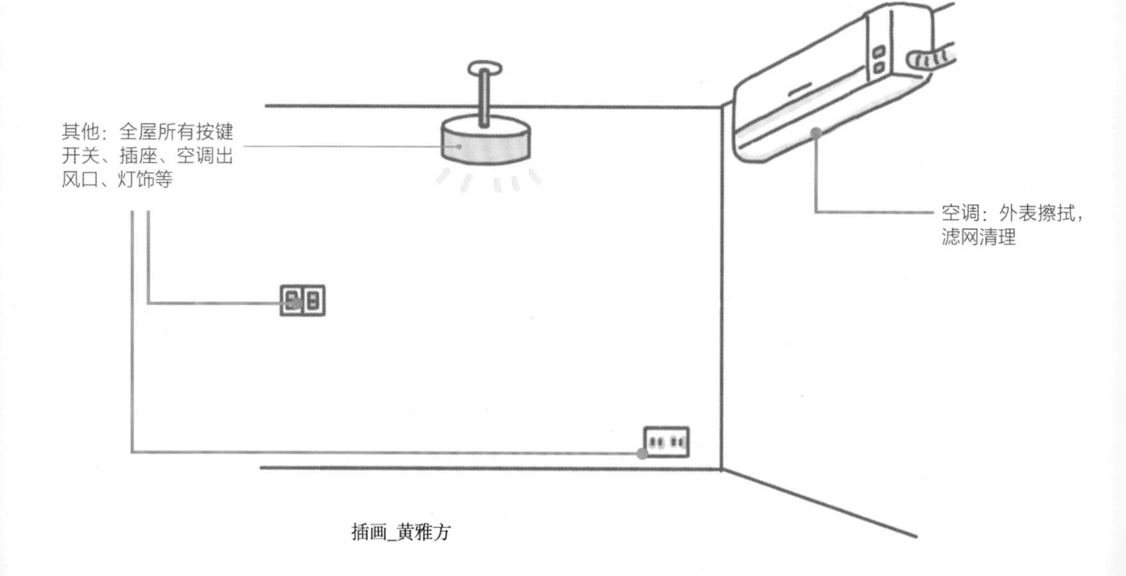
其他：全屋所有按键
开关、插座、空调出
风口、灯饰等
空调：外表擦拭，
滤网清理

插画_黄雅方

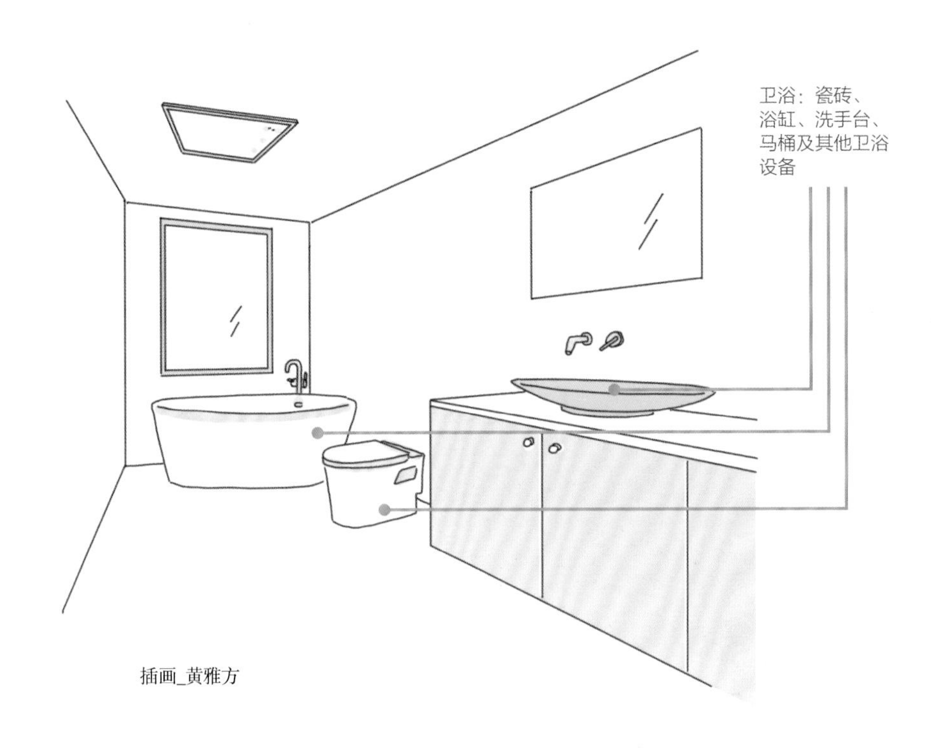

插画_黄雅方

插画_黄雅方

附录　监工事项

原有房屋情况检查		
序号	检查内容	确认
1	体验动线、通风与光线	
2	天花板、外墙及地板有无渗水现象，铝门窗是否变形及有无渗水现象	
3	浴室外墙较易渗水处有无补土粉刷现象	
4	全屋强弱电管线及开关箱是否需更新（无熔丝开关有无跳电松动迹象、插座有无负载焦黄迹象）	
5	全屋给、排水是否需更新（水质观察与排水测试）	
6	弱电与消防管线功能是否正常（电视信号、电话、对讲机、差动器等）	
7	总电源：□30A □50A □60A □75A以上	
8	有无虫害现象	

防水工程		
序号	检查内容	确认
1	公共区域器材搬运及垃圾清运路线是否保护到位	
2	落实施工安全，禁止不安全的施工方式	
3	有壁癌应扩大区域打除且要拆除见底	
4	工程开始前务必做好整理毛坯地面的工作，并修补地面（墙面）坑洞（裂痕）	
5	确认地面湿度是否符合施作标准	
6	涂布一道防水底油（防水工程中非常重要的一道施工程序）	
7	加强阴角与落水口涂布，是否铺纤维网提高防水功能，每层等干透才能继续施作	
8	壁癌打除，壁面防水处理后粗坯打底前待雨天后验收，并确认没有漏水情况	

保护工程		
序号	检查内容	确认
1	保护地面整洁干净，避免砂石残留	
2	搬运行径动线保护到位	
3	电梯（间）保护到位	
4	一层防潮布，一层瓦楞板，最后一层2分夹板，总共铺3层	
5	防潮布铺满地面，铺设时2块防潮布需交叠	
6	塑料瓦楞板拼接铺设必须用胶带沿接缝处黏合固定	
7	木夹板整齐铺好要用胶带沿接缝处黏合封好	
8	张贴施工公告、工作守则、施工图、工期表	

拆除工程		
序号	检查内容	确认
1	需备拆除放样说明图，并确实放样	
2	不能破坏梁柱、承重墙、剪力墙等建筑结构体	
3	确定保留物品清单并做好防护或包覆	
4	确定水的总开关位置，并关闭水源与燃气	
5	全屋排水管要塞住或用胶带贴封	
6	确认地面、壁砖是否打除见底	
7	禁止不安全的施工方式及预防楼外坠物	
8	路边堆放位置确认，地面防护与事后清理	

水电工程		
序号	检查内容	确认
1	确认放样尺寸位置，确认全屋灯具及插座回路用电分配量	
2	确认空调供电位置及规格，确认浴厕暖风机电源及规格	
3	地板完成面向上量出基准高度水平线，之后用这条水平线作为标示高度定位基准	
4	墙面切割路径再进行打凿；出线盒位置的打凿深度必须适中，太浅出线盒埋不进去	
5	埋入的出线盒要注意材质选用，厨房、卫浴、阳台等选择不锈钢的出线盒	
6	接近水源的插座，例如浴室、阳台、厨房，要配置漏电断路器	
7	利用水平尺确认排水管、粪管是否达到一定的泄水坡度	
8	拍照记录：插座、开关、灯具、弱电路径以及给、排水管路径	

泥作工程		
序号	检查内容	确认
1	评估拆除后地面是否需做防水	
2	水泥、砂调和的比例要正确，粗坯打底为1：3，表面粉光为1：2	
3	检查水泥使用期限与品牌、砂的品质及是否使用回收旧砖	
4	铝窗全面嵌缝前务必要清除木块，以免日后腐烂后内部形成空洞造成漏水	
5	窗框填完水泥砂浆后，外框和结构体之间应留约1cm 深度的沟槽	
6	红砖内部要充分吸饱水（外干内饱），大面积砖墙砌砖高度每日以1.2～1.5m为佳	
7	浴室防水要高出天花板一些，涂抹第一层弹性水泥要加水稀释，这样弹性水泥才能渗透底层，加强防水	
8	浴室粗坯打底地面整平后，要用水平尺确认泄水坡度是否四面八方皆向落水头方向	

铝窗工程		
序号	检查内容	确认
1	套窗要用水平尺或激光水平仪调整水平，并完全将旧框包覆再以硅胶密封	
2	安装玻璃时确认内框内外沟槽打入硅利康填补缝隙，并注意玻璃沟槽缝隙是否适中	
3	注意防水气密和结构强度，注意玻璃尺寸及规格（厚度、强化、胶合、反射或低辐射玻璃）	
4	调整滚轮、止风块等五金，让内框得以抓对水平、顺畅开合	
5	窗框与墙体要留1cm缝隙塞水路打入水泥砂浆，并且要砂浆下沉后再打入，反复施作	
6	铝窗厂牌样式（平开窗或推拉窗）与规格（外观尺寸及铝料结构）	
7	铝窗颜色与厂牌、螺钉、把手等附件材质	
8	安装时要特别注意垂直、水平和进出是否一致	

空调工程		
序号	检查内容	确认
1	规格位置、型号确认（室内机、室外机），室外机位置散热是否良好	
2	空调冷媒管路径图确认（室外加装保护管槽），排水位置路径确认	
3	PVC排水管需以胶黏剂完全连接，排水是否有泄水坡度，部分需包覆泡棉，以防冷凝水	
4	室外主机悬吊于外墙，以不超过楼板一半为原则	
5	外机要固定在安装架、装设结构稳固的地方，并且需额外安装维修笼	
6	维修孔开在机器电脑板附近，开口尺寸依机器大小设置，以维修人员方便上去为主	
7	注意与天花板适当回风的距离，出风前方是否30cm以上不被遮挡，出风与回风位置是否顺畅	
8	装机完毕，需将空调用胶带贴覆或用塑料袋包覆保护机器	

木作工程		
序号	检查内容	确认
1	检查角材、板材的品牌和品质，确认枪钉是不锈钢材质	
2	确认天花板骨架施工是否到位，检查吊筋数量足够并确实固定在楼板	
3	灯具及差动器等出线位置确定，吊挂吊灯位置用夹板或木芯板加强，周围加吊筋增强承重	
4	隔间是否做到天花板，岩棉是否填实，岩棉是否60K以上，需吊挂物品处是否加夹板加强	
5	柜体后墙面为外墙时，浴室需加防潮布隔开，柜体垂直、水平是否精准，五金配件使用是否顺畅	
6	系统收边位置木作是否抓好天、地、壁水平和垂直，系统柜体层格跨距是否过长	
7	封板的板材边缘需做导角以AB胶填缝，板材与梁柱之间需留出3mm的缝隙以水性硅胶填缝	
8	平铺木地板前，检查地板面材是否松动、漏水等，不平的地方用水泥整平并清洁	

油漆工程		
序号	检查内容	确认
1	确认漆料保存期限，检查涂料品牌与等级（必须为合同指定）	
2	板材之间缝隙使用AB胶填缝，木作退场前一周施作第一道，油漆进场施作第二道（确保干透）	
3	裂缝加树脂批土填补，从填平凹洞较大面积处做起，批土2道以上再用机械打磨	
4	工作灯由侧面打光照射，检查墙面是否仍有凹陷或波浪状的光影，若有则需要再次批土并打磨	
5	涂料使用前要以搅拌棒依相同方向充分搅拌均匀，面漆上2道以上	
6	每道喷漆必须彻底干燥才能再涂下一道，温度过低（接近冰点）或湿度过高，需延长干燥时间	
7	喷漆漆面是否均匀，不能有垂流现象，漆面是否有反白、起泡、起皱等现象	
8	喷漆完全干燥后，进行保护工程，将已施工完的木作完全包覆	

厨卫工程		
序号	检查内容	确认
1	风管长度不可超过5m，若超过需再加装中继马达，并且使用PVC硬管材质	
2	厨房不设置地面排水孔，水槽底下装漏水断路器	
3	地板排水管与水槽排水管逆接及拉远	
4	水槽的地面排水管需高出地面15cm，墙面排水管多出墙面3cm	
5	铺设给水管和排水管需事前放样定位，确认打凿的位置，先切割再打凿	
6	排水管用水平尺确认是否有一定的泄水坡度，若遇转角应避免90° 接管	
7	安装浴缸的位置地面做泄水坡度，让水往排水孔方向流，并在阴角边加不织布加强	
8	确认马桶规格与粪管安装位置左右距离要足够，以粪管为中心马桶两侧距离35cm以上	

清洁工程		
序号	检查内容	确认
1	养生胶纸黏性很高，要确认底下没有先贴一层纸胶，否则拆除时很容易将木皮拉起	
2	维修孔、空调滤网、间接照明、电源开关箱、灯具上方以及木栈板下方等都要检查	
3	大理石或抛光石英砖地板要用洗地机及吸水机处理	
4	玻璃部分要用专用的刮刀、小黄刮刀，才不会刮伤玻璃表面	
5	厨房重度油垢及顽垢建议使用碱性清洁剂，卫浴则使用酸性清洁剂	
6	大理石怕酸，容易氧化，不能使用酸性清洁剂	
7	窗户清洁：玻璃表面、窗框、窗沟及纱窗	
8	公共区域、电梯（间）、搬运及清运路线是否完全清洁	

图书在版编目（CIP）数据

这样装修不踩雷 / 张明权著 . — 北京：中国轻工业出版社，2021.6

ISBN 978-7-5184-2812-0

Ⅰ . ①这… Ⅱ . ①张… Ⅲ . ①住宅 – 室内装修 – 基本知识 Ⅳ . ① TU767.7

中国版本图书馆 CIP 数据核字（2021）第 025323 号

责任编辑：陈　萍　　责任终审：张乃柬　　整体设计：锋尚设计

策划编辑：陈　萍　　责任校对：朱燕春　　责任监印：张　可

出版发行：中国轻工业出版社（北京东长安街6号，邮编：100740）

印　　刷：北京博海升彩色印刷有限公司

经　　销：各地新华书店

版　　次：2021年6月第1版第1次印刷

开　　本：710×1000　1/16　印张：13.75

字　　数：270千字

书　　号：ISBN 978-7-5184-2812-0　定价：68.00元

邮购电话：010-65241695

发行电话：010-85119835　传真：85113293

网　　址：http://www.chlip.com.cn

Email：club@chlip.com.cn

如发现图书残缺请与我社邮购联系调换

191365S5X101ZYW